FORSCHUNGSBERICHTE DES LANDES NORDRHEIN-WESTFALEN

Nr. 2212

Herausgegeben im Auftrage des Ministerpräsidenten Heinz Kühn
vom Minister für Wissenschaft und Forschung Johannes Rau

Prof. Dr. rer. nat. Giselher Valk
Dr. rer. nat. Manfred Peters
Text.-Ing. Lutz Husung
Werner Kelm

Textilforschungsanstalt Krefeld e. V.

Über die chemische Modifizierung von Polyacrylnitril und entsprechenden Modellsubstanzen sowie deren Darstellung

SPRINGER FACHMEDIEN WIESBADEN GMBH 1971

ISBN 978-3-531-02212-3   ISBN 978-3-663-20421-3 (eBook)
DOI 10.1007/978-3-663-20421-3

© 1971 by Springer Fachmedien Wiesbaden
Ursprünglich erschienen bei Westdeutscher Verlag GmbH, Opladen 1971
Gesamtherstellung: Westdeutscher Verlag

Inhalt

1. Wissenschaftliche Fragestellung 5
2. Stand der bisherigen Forschung 5
3. Lösungsweg 7
4. Ergebnisse 8
   4.1 Darstellung von 2.4-Dicyanopentan 8
   4.1.1 Durch Alkylierung von Nitrilen 8
   4.1.2 Versuche zur Darstellung von 2.4-Dicyanopentan aus reaktiven Pentanderivaten 10
   4.1.3 Säulenchromatographische Aufarbeitung des nach der Synthese von T. TAKATA gewonnenen 2.4-Dicyanopentans 14
   4.2 Chemische Umsetzungen an Modellsubstanzen 15
   4.2.1 Hydrolyse der Carbonsäurenitrile 15
   4.2.2 Hydrolyse von Glutarsäuredinitril 15
   4.2.3 Hydrolyse von 2.4-Dicyanopentan 16
   4.2.4 Direkte Veresterung von Nitrilen 17
   4.2.5 Direkte Veresterung von Glutarsäuredinitril 17
   4.2.6 Direkte Veresterung von 2.4-Dicyanopentan 19
   4.3 Polymeranaloge Umsetzungen an Polyacrylnitril 21
   4.3.1 Saure Hydrolyse von Polyacrylnitril 21
   4.3.2 Direkte Veresterung von Polyacrylnitril............................ 23
5. Diskussion 25
   5.1 Darstellung von 2.4-Dicyanopentan durch Alkylierung von Nitrilen 25
   5.2 Versuche zur Darstellung von 2.4-Dicyanopentan aus reaktiven Pentanderivaten 26
   5.3 Saure Hydrolyse und direkte Veresterung der niedermolekularen Modellsubstanzen 27
   5.4 Polymeranaloge Umsetzungen an Polyacrylnitril und ihre Bedeutung ... 28
6. Experimenteller Teil 29
   6.1 Analytische Untersuchungen 29
   6.1.1 Dünnschichtchromatographischer Nachweis niedermolekularer Nitrile .. 29
   6.1.2 Dünnschichtchromatographie 30
   6.1.3 Viskositätsmessung 30
   6.1.4 Stickstoffbestimmung 31
   6.1.5 Gaschromatographische Untersuchungen 31
   6.1.6 Potentiometrische Titration 31
   6.2 Präparativer Teil 32
   6.2.1 Darstellung von Modellsubstanzen 32
   6.2.2 Umsetzungen an Modellsubstanzen 34
   6.2.3 Umsetzungen am Polymeren 35
7. Zusammenfassung 37
8. Literaturverzeichnis 38

1. Wissenschaftliche Fragestellung

Eine unerwünschte Eigenschaft synthetischer Fasern sowohl bei der Verarbeitung als auch im Gebrauch ist ihre starke Tendenz, sich elektrostatisch aufzuladen. Zur Verbesserung der elektrostatischen Eigenschaften von Synthesefasern wurden daher Produkte entwickelt, die antielektrostatisch wirksam sind und als Avivagemittel, Spulöle, Schmälzen oder Schlichten auf die Faser aufgebracht werden können. Ihr *Nachteil ist ihre begrenzte Haftung auf der Faser*. Dauerhafter müßte eine antielektrostatische Ausrüstung sein, bei der man versucht, diese Wirkung durch chemische Modifizierung des Fasermaterials selbst zu erreichen. Es ist anzunehmen, daß ein Zusammenhang zwischen chemischer Konstitution und elektrostatischem Verhalten bei Polymeren besteht. Über diese Beziehungen sowie über die Art und Weise, wie elektrische Ladungen an der Materialoberfläche abgeleitet werden, ist bis heute noch wenig bekannt. Systematische Veränderungen der Polymeren durch polymeranaloge Umsetzungen und Messungen der elektrostatischen Auflading nach der jeweiligen Behandlung könnten hierauf eine Antwort geben. Im Rahmen dieser Arbeit wurden daher zunächst einmal am Beispiel des Polyacrylnitrils Möglichkeiten zur chemischen Modifizierung erprobt und Methoden zur qualitativen und quantitativen Bestimmung der Reaktionsprodukte ausgearbeitet. Die Wahl fiel auf *Polyacrylnitril*, da dieses Polymere einerseits eine *starke Tendenz zur elektrostatischen Auflading zeigt*, andererseits in den Nitrilgruppen reaktionsfähige Positionen entlang der Hauptkette besitzt.

2. Stand der bisherigen Forschung

Theoretische Betrachtungen und Untersuchungen über den Mechanismus der elektrostatischen Auflading von Faserstoffen finden sich u. a. bei H. GRÜNER [1], G. HUMMEL [2], S. P. HERSH, D. J. MONTGOMERY [3, 4] und A. SIPPEL [5]. Weitere Übersichtsarbeiten, insbesondere auch im Hinblick auf die Meßtechnik, wurden von V. E. SHASHOUA [6], W. SPRENKMANN [7, 8], M. RÖSCH [9], O. LOCHMÜLLER [10] sowie sehr umfassend von W. LÖBEL [11–13] zusammengestellt.

Über die chemische Modifizierung von Polyacrylnitril durch polymeranaloge Umsetzungen wird in der Fach- und Patentliteratur wiederholt berichtet. Unter polymeranalogen Umsetzungen versteht man Reaktionen, bei denen funktionelle Gruppen, nicht aber die Kettenlänge der Polymeren verändert werden.

In mehreren Arbeiten wird die Umsetzung von Polyacrylnitril mit Hydroxylamin beschrieben [14–20]. Bei dieser Reaktion werden Amidoximgruppen gebildet, die unter Abspaltung von Ammoniak zu Hydroxamsäureresten hydrolysiert werden. Durch diese Modifizierung wird die Anfärbbarkeit des Polyacrylnitrils verbessert. Ähnliche Effekte erzielt man bei der Behandlung von Polyacrylnitril mit alkalischen Wasserstoffperoxidlösungen, wobei die Nitrilgruppen in Amid- oder Carboxygruppen umgewandelt werden [21]. Bei der Umsetzung von Polyacrylnitril mit Hydrazin entsteht ein Produkt, das in allen bekannten Lösungsmittelsystemen unlöslich ist. Als Grund für die

Unlöslichkeit wird eine Quervernetzung der Polymerketten durch das bifunktionell wirksame Hydrazin angegeben [22], wobei N-Amino-triazol-Brücken entstehen.

Russische Autoren setzten Polyacrylnitril mit Ammoniumsulfid, Hydroxylamin und Hydrazin um [23]. Sie unterwarfen die Proben anschließend einer Verseifung mit wäßrig alkoholischer Natronlauge und stellten fest, daß das mit Hydrazin umgesetzte Polyacrylnitril die geringste Verseifungsrate aufwies.

Für die Bildung von Polyallylamin findet sich ein Verfahren in der amerikanischen Patentliteratur. Hierbei hydriert man im Autoklaven über Raney-Nickel in Gegenwart von Ammoniak [24]. Wird Polyacrylnitril in Dimethylformamid über Raney-Nickel hydriert, so bilden sich schwarze unlösliche Produkte [25]. Über die Umwandlung der Nitrilgruppen in Aldehydgruppen [26, 27] nach Art der Stephen-Reaktion [28] wird ebenfalls berichtet. Hinweise zur Modifizierung in amin-, aldehyd- und thioamidhaltige Produkte finden sich in einer weiteren Arbeit von A. A. KONKIN [29]. Bereits technisch erprobt wurde eine Behandlung mit wäßriger Ammonsulfidlösung [30]. Die hierbei erhaltenen Fasermaterialien sind unlöslich und zeichnen sich durch eine hohe thermische Beständigkeit aus.

Bei der Alkalibehandlung von Polyacrylnitril [31, 32] erfolgt nach McCARTNEY [33], H. STÜBCHEN und J. SCHURZ [34] neben der Verseifung von Nitrilgruppen auch eine teilweise Spaltung der Kohlenstoffbindungen in der Polymerkette. Optimale Bedingungen für die alkalische Verseifung ohne Kettenabbau geben W. DÖCKE [35] und russische Autoren [36] an.

Stellvertretend für alle anderen Veröffentlichungen [37–44] sei bei der sauren Verseifung des Polyacrylnitrils die Arbeit von STREPICHEEV, KUDRJAVCEV und VASIL'EVA-SOKOLOVA [45] erwähnt. Die Autoren untersuchten den Verseifungsprozeß mit Schwefelsäure in Abhängigkeit von der Temperatur. Der Reaktionsverlauf wurde durch Bestimmung von Stickstoff, Säurezahl und spezifischer Viskosität verfolgt. Bei der Säurebehandlung in Gegenwart von Alkohol wurde ein großer Teil der Nitrilgruppen in Estergruppen umgewandelt [45]. Eine interessante Variante dieser Veresterungsreaktion ist die von J. J. RITTER et al. [46] 1948 eingeführte Umsetzung von Nitrilen mit ungesättigten Kohlenwasserstoffen bzw. tert. Alkoholen in Gegenwart von Schwefelsäure, wobei N-substituierte Säureamide entstehen. In einem amerikanischen Patent wird dieses Verfahren auf Polyacrylnitril angewendet [47]. Die Verseifung von Polyacrylnitril zu Polyacrylsäure und Polyacrylsäureamid (1 : 1) durch Wasser unter Druck wurde von den Farbenfabriken Bayer AG zum Patent angemeldet [48]. Auf eine interessante Möglichkeit, zu Polymeren mit den Eigenschaften eines Polyampholyten zu kommen, weisen ML. B. RAO und S. R. PALIT hin [49]. Sie unterwarfen Polyacrylnitril den Bedingungen des Hofmannschen Abbaus und erhielten ein Produkt mit Amin- und Carboxygruppen, dessen isoelektrischer Punkt bei pH 3,3–3,4 lag, und das entsprechend in Säuren und Alkali löslich war.

Schließlich sei noch auf ein Verfahren hingewiesen, das nicht die Nitrilgruppen verändert, sondern die Aktivierung des zur Nitrilgruppe α-ständigen Wasserstoffatoms in die chemische Modifizierung des Polymeren mit einbezieht [50]. Nach Auffassung der Autoren werden mit Formaldehyd an diesen Positionen Methylolgruppen gebildet, die dann Ausgangspunkt für Vernetzungsstellen auf Basis von Ätherbrücken sein können. Nach einem Patent von P. FRITSCHE lassen sich auf diese Weise Produkte gewinnen, die für die Gelfiltration geeignet sind [51].

Auf die Möglichkeit, Polyacrylnitril durch polymeranaloge Umsetzungen antielektrostatisch auszurüsten, wurde schon frühzeitig hingewiesen [52–55]. W. FESTER setzte Polyacrylnitrilfaserstoff mit Äthylenglykol und Schwefelsäure um und erhielt ein Produkt, das verbesserte antielektrostatische Eigenschaften hatte [56]. V. E. SHASHOUA [57] führte bestimmte funktionelle Gruppen in Seitenketten von Hochpolymeren ein und untersuchte deren Einfluß auf die elektrostatischen Eigenschaften. Dabei zeigte sich, daß ein enger Zusammenhang zwischen elektrostatischer Aufladung und chemischer Konstitution bestehen muß. Ferner stellte sich hierbei heraus, daß eine Verringerung der elektrostatischen Aufladung nicht allein an hydrophile (polare) Gruppen gebunden ist, sondern auch durch hydrophobe (apolare) Gruppen erfolgen kann.

3. Lösungsweg

Vorgesehen waren Umsetzungen an den Nitrilgruppen des Polymeren. Die Basis für solche Reaktionen bildeten die aus der organischen Chemie bekannten Nitrilgruppenreaktionen. Es erschien uns sinnvoll, unsere Untersuchungen zunächst einmal mit der sauren Hydrolyse und der direkten Veresterung der Nitrilgruppen zu beginnen. In beiden Fällen liegt der Umsetzung ein einfacher Reaktionsmechanismus zugrunde; ferner besteht an Hand der Stickstoffwerte die Möglichkeit, den Fortgang der Reaktionen auch in analytischer Hinsicht gut zu überschauen.
Bei Reaktionen an Makromolekülen lassen sich jedoch nicht in so einfacher Weise wie bei niedermolekularen Verbindungen Ausgangsstoffe von End- und Nebenprodukten trennen. Alle Reaktionsprodukte befinden sich in einer Molekülkette. Um nun den Einfluß unterschiedlicher Reaktionsbedingungen sowie die Art und Menge der dabei auftretenden Reaktionsprodukte besser kennenzulernen, führten wir die am Polymeren geplanten Umsetzungen zunächst einmal an niedermolekularen Modellsubstanzen durch. Mit den Mitteln der Dünnschicht- und Gaschromatographie konnten wir dann in experimentell einfacher Weise überprüfen, inwieweit die von uns eingehaltenen Reaktionsbedingungen zu Nebenreaktionen bzw. zu quantitativem Umsatz führten. Als Modellsubstanzen dienten Glutarsäuredinitril und 2.4-Dicyanopentan. Im besonderen stellt 2.4-Dicyanopentan eine Verbindung dar, die in guter Übereinstimmung mit den Grundbausteinen des Polyacrylnitrils steht und nicht nur die Reaktionsmöglichkeiten einer, sondern auch die gegenseitige Beeinflussung benachbarter, funktioneller Gruppen im Polymeren berücksichtigt.
Im zweiten Teil dieser Arbeit wurden dann die an den Modellen erarbeiteten Reaktionsverfahren auf das Polymere übertragen. Die Charakterisierung der polymeren Zwischen- und Endprodukte sollte dann bei genauer Kenntnis des Reaktionsverlaufs auf elementaranalytischem, maßanalytischem und spektroskopischem Wege möglich sein. Zum Abschluß schließlich sollten dann die hierbei gewonnenen Erfahrungen auf Polyacrylnitrilfasermaterial übertragen werden. Hier genügten im Hinblick auf die elektrostatische Aufladung jedoch lediglich topochemische Umsetzungen am Faserprodukt.

4. Ergebnisse

4.1 Darstellung von 2.4-Dicyanopentan

4.1.1 Durch Alkylierung von Nitrilen

Die Synthese von 2.4-Dicyanopentan wurde erstmals von T. TAKATA [58] beschrieben. Hiernach addiert man Cyanessigester an Methacrylnitril, methyliert am tert. Kohlenstoffatom und verseift und decarboxyliert anschließend die seitenständige Estergruppe.

$$\underset{\underset{CN}{|}}{CH_2-COOC_2H_5} + \underset{\underset{CN}{|}}{CH_2=C-CH_3} \xrightarrow{[C_2H_5ONa]} \underset{\underset{CN}{|}}{CH}-CH_2-\underset{\underset{CN}{|}}{CH}-CH_3$$

$$\xrightarrow{+ CH_3J\ [C_2H_5ONa]} CH_3-\underset{\underset{CN}{|}}{\overset{\overset{COOC_2H_5}{|}}{C}}-CH_2-\underset{\underset{CN}{|}}{CH}-CH_3$$

$$\xrightarrow{[KOH,\ C_2H_5OH]} CH_3-\underset{\underset{CN}{|}}{\overset{\overset{COOH}{|}}{C}}-CH_2-\underset{\underset{CN}{|}}{CH}-CH_3$$

$$\xrightarrow{[Cu]} CH_3-\underset{\underset{CN}{|}}{CH}-CH_2-\underset{\underset{CN}{|}}{CH}-CH_3$$

Im Prinzip schlägt H. G. CLARK [59] den gleichen Weg ein, er setzte im ersten Reaktionsschritt lediglich statt Natriumäthylat Natriumhydrid als Katalysator ein und führte die Umsetzung in Dimethylformamid statt in Äthanol durch. Das gewonnene 2.4-Dicyanopentan trennte er durch Destillation in die der dl- und meso-Form entsprechenden Diastereomeren auf.

Bei der Herstellung von 2.4-Dicyanopentan schlugen auch wir den von T. TAKATA aufgefundenen Reaktionsweg ein. Die Reaktionsprodukte, die wir erhielten, hatten jedoch, verglichen mit denen der TAKATA-Synthese, zum Teil erheblich abweichende Brechungsindices. Ein für Nitrile neu entwickeltes dünnschichtchromatographisches Nachweisverfahren machte deutlich, daß die Umsetzungsprodukte trotz konstanter Siedepunkte chemisch nicht einheitlich waren. Das Dünnschichtchromatogramm des Michaeladdukts der ersten Reaktionsstufe zeigte neben dem Hauptprodukt noch mehrere Substanzflecke. Wie sich nachweisen ließ, rührten diese Nebenprodukte aus der Umsetzung des Methacrylnitrils mit Natriumäthylat. In den nachfolgenden Reaktionsstufen konnten dann diese Verunreinigungen jeweils bei der Aufarbeitung schrittweise abgetrennt werden.

Zusätzliche Nebenprodukte traten aber auch bei der Methylierung des Addukts auf. Trotz wiederholter Versuche gelang es in keinem Fall, nach der Methylierung ein Produkt in die Hand zu bekommen, das in seinen physikalischen Eigenschaften mit der von T. TAKATA beschriebenen Substanz übereinstimmte. Dem Brechungsindex nach, dessen Wert zwischen dem des Ausgangsmaterials und dem der in der Literatur beschriebenen Substanz lag, war die Methylierung nur unvollständig abgelaufen.

Problematisch war weiterhin die Verseifung des 2.4-Dicyano-2-methylvaleriansäureäthylesters. Wurden vielfach die Estergruppen noch nicht vollständig verseift, so unterlagen andererseits die Nitrilgruppen schon teilweise der Hydrolyse. Die Folge war, daß das nach der Decarboxylierung gewonnene Endprodukt durch esterhaltige und säureamidhaltige Verbindungen verunreinigt war. Eine Reinigung gelang nun in der Weise, daß ein großer Teil der Substanz nach längerem Stehen bei Zimmertemperatur auskristallisierte. Wie sich aus Angaben der Literatur entnehmen läßt [59], entsprach der kristalline Anteil dem dl-Diastereomeren des Dinitrils. In unserem Fall enthielt das Kristallisat auch noch geringe Anteile der meso-Form, die bei Zimmertemperatur flüssig ist.

Nach M. F. ANSELL und D. H. HEY [60] ist tert. Butanol ein geeignetes Reaktionsmedium für die säure-basenkatalysierte Michaeladdition. Tert. Butanol wirkt gleichermaßen als startauslösender Protonenacceptor sowie die Bildung des Addukts fördernder Protonendonator. Ferner wird tert. Butanol weniger leicht an die Doppelbindung einer ungesättigten Verbindung addiert als beispielsweise Äthanol. Die weiteren Umsetzungen erfolgten daher in tert. Butanol, wobei nur katalytische Mengen Alkali eingesetzt wurden, um, verglichen mit Cyanessigester, die Reaktion in Richtung des schwächer sauren Addukts zu lenken. Die Aufarbeitung der Reaktionsansätze ergab jedoch in der Hauptsache nicht umgesetzten Cyanessigester. Auch durch verlängerte Reaktionszeiten konnte die Ausbeute des Addukts nicht verbessert werden. Bei seiner dünnschichtchromatographischen Untersuchung zeigte sich aber, daß nur geringfügige Verunreinigungen vorhanden waren. Hierauf versuchten wir, an Stelle der Michaeladdition durch Kondensation von β-Bromisobutyronitril mit Cyanessigester zum gewünschten Addukt zu gelangen. Aber auch diese Umsetzung nahm, wie bereits H. ZAHN und Mitarbeiter [61] feststellten, keinen eindeutigen Reaktionsverlauf. Neben vier weiteren erhielten wir in nur sehr geringer Ausbeute eine Fraktion, die dünnschichtchromatographisch und IR-spektroskopisch mit dem Addukt identisch war.

In weiteren Versuchen untersuchten wir dann die Möglichkeit, durch Addition von Propionitril an Methacrylnitril direkt in einem Reaktionsschritt zum Endprodukt zu kommen.

$$CH_3-CH_2 + CH_2=C-CH_3 \xrightarrow{MeR} CH_3-CH-CH_2-CH-CH_3$$
$$| | \phantom{-CH_3 \xrightarrow{MeR} CH_3-}| |$$
$$CN CN \phantom{-CH_3 \xrightarrow{MeR} CH_3-}CN CN$$

$R = H; C_4H_9$

In Analogie zu der von T. TAKATA ausgearbeiteten Vorschrift führten wir die Umsetzung in Gegenwart äquimolarer Mengen Alkali durch. Das Alkali wurde als Hydrid zugesetzt. Als Lösungsmittel diente Dimethylformamid. Bei allen Versuchen erhielten wir jedoch zähflüssige, schwarz gefärbte Produkte. Nur in einem Fall war es möglich, eine kleine Menge einer Substanz zu isolieren, deren Dünnschichtchromatogramm auf das Vorhandensein von 2.4-Dicyanopentan schließen ließ.

Wir versuchten daraufhin, statt mit Natriumhydrid mit der stärkeren Base Lithiumbutyl das entsprechende Metallsalz aus dem schwach CH-aciden Propionitril herzustellen und dieses durch Kondensation mit β-Bromisobutyronitril in 2.4-Dicyanopentan zu überführen. Die Dünnschichtchromatogramme ließen jedoch neben einer Vielzahl anderer Produkte nur in geringer Menge die Bildung von 2.4-Dicyanopentan vermuten. Nach K. ZIEGLER und H. OHLINGER [62] wurde Lithiumbutyl möglicherweise an die Nitrilgruppen der Reaktionspartner unter Bildung des Ketimids addiert. Lithiumalkyle verhalten sich demnach ähnlich wie Natriumamid, das ebenfalls an die Dreifachbindung der Nitrilgruppe unter Amidinbildung angelagert wird.

$$(R)_2\ CH-CN + LiR' \rightleftharpoons (R)_2\ CH-\underset{\|}{\overset{NLi}{C}}-R'$$

$$(R)_2\ CH-CN + NaNH_2 \rightleftharpoons (R)_2\ CH-\underset{\|}{\overset{NNa}{C}}-NH_2$$

K. ZIEGLER und H. OHLINGER [62] fanden aber in Lithiumdiäthylamid und Magnesiumbromdiäthylamid Verbindungen, in deren Gegenwart die Alkylierung von Nitrilen möglich ist. Auch Natriumamid läßt sich einsetzen, wenn man es gleichzeitig mit dem Alkylhalogenid auf das Nitril einwirken läßt. Aber auch der Einsatz von Lithiumdiäthylamid und Natriumamid nach den von K. ZIEGLER und H. OHLINGER [62] vorgeschlagenen Verfahren führte bei der Umsetzung von Propionitril und β-Bromisobutyronitril nicht zum Ziel. Weder IR-spektroskopisch noch dünnschichtchromatographisch konnte die Bildung von 2.4-Dicyanopentan festgestellt werden.

Bei analoger Alkylierung von Glutarsäuredinitril mit Methyljodid entstand zwar 2.4-Dicyanopentan; die Ausbeute war jedoch so gering, daß wir auch diesen Weg als brauchbare Synthesemöglichkeit ausschließen mußten.

4.1.2 Versuche zur Darstellung von 2.4-Dicyanopentan aus reaktiven Pentanderivaten

Bei der Ausarbeitung des neuen Syntheseplans gingen wir davon aus, als Ausgangsmaterial ein Produkt zu wählen, das bereits die chemische Konstitution des Kohlenwasserstoffgerüstes des 2.4-Dicyanopentans hatte. Als geeignete Verbindung bot sich 2.4-Pentandiol an, das sich leicht aus Acetylaceton durch Reduktion mit Natriumborhydrid gewinnen läßt. Nach Überführung der Hydroxygruppe in die Tosylatgruppe suchten wir diese dann durch die stark nucleophile CN-Gruppe zu ersetzen. Als CN-Gruppen übertragende Reagenzien wurden Alkalimetallcyanide eingesetzt.

$$CH_3-\underset{\underset{OH}{|}}{CH}-CH_2-\underset{\underset{OH}{|}}{CH}-CH_3 \xrightarrow[\text{Pyridin}]{2\ Tos-Cl} CH_3-\underset{\underset{OTos}{|}}{CH}-CH_2-\underset{\underset{OTos}{|}}{CH}-CH_3$$

$$CH_3-\underset{\underset{OTos}{|}}{CH}-CH_2-\underset{\underset{OTos}{|}}{CH}-CH_3 \xrightarrow[-2\ Tos^\ominus K^\oplus]{+2\ KCN} CH_3-\underset{\underset{CN}{|}}{CH}-CH_2-\underset{\underset{CN}{|}}{CH}-CH_3$$

Die Einwirkung von Alkalicyaniden auf Toluolsulfonsäurealkylester ist in der Literatur bereits mehrfach beschrieben worden. W. RODIONOW und Mitarbeiter [63] setzten den Methyl-, Äthyl- und Propylester der Paratoluolsulfonsäure mit einer konzentriert wäßrigen Lösung von Kaliumcyanid um und erhielten in Ausbeuten um 60% die entsprechenden Alkylnitrile. Im Hinblick auf ihre Anwendung als Alkylierungsmittel studierten V. C. SEKERA und C. S. MARVEL [64] das chemische Verhalten von Tosylaten mit langkettigen Alkoholkomponenten. Die Autoren erhielten u. a. bei der Umsetzung von *n*-Cetyltosylat mit Kaliumcyanid in Wasser in 85%iger Ausbeute Cetylcyanid. Die Überführung des

Butylesters in das Nitril unter den gleichen Bedingungen war jedoch mit einer erheblich niedrigeren Ausbeute verbunden. R. F. BROWN und N. M. VAN GULICK [65] versuchten aus 3-Hydroxy-2,2-dimethylpropyl-p-toluolsulfonsäureester mit Kaliumcyanid das Nitril herzustellen. Selbst nach vierzehnstündigem Kochen in Äthanol konnten die Autoren keine Reaktion feststellen. Bei der Umsetzung von 3-Methoxy-2,2-dimethylpropyl-p-toluolsulfonsäureester mit Kaliumcyanid in Äthylenglykol entstand in geringer Menge ein Öl, das die Autoren durch Reduktion zum entsprechenden Amin als 3-Methoxy-2,2-dimethyl-n-butyronitril identifizierten. Die Reaktion des Ditosylats von 2,2-Dimethyl-1,3-propandiol mit Kaliumcyanid beschrieben E. R. NELSON, M. MAIENTHAL, L. A. LANE und A. A. BENDERLY [66]. Sie führten die Umsetzung ebenfalls in Äthylenglykol aus, isolierten jedoch nicht das erwartete Dinitril, sondern mit 63%iger Ausbeute 2,2-Dimethylcyclopropannitril. Entsprechende Versuche mit den Ditosylaten des 2-Methyl-1,3-propandiols und des 1,3-Propandiols ergaben den Ausführungen der Autoren zufolge weder die Dinitrile noch Cyclopropanderivate.

Propan-1,3-ditosylat setzten auch wir ein, um in Vorversuchen die Möglichkeiten einer Tosylesterspaltung mit Kaliumcyanid zu studieren. Da in reinem Wasser bei Gegenwart des basisch wirkenden Kaliumcyanids mit einer verstärkten Verseifung der nitrilhaltigen Reaktionsprodukte zu rechnen war und andererseits der Einsatz von Äthylenglykol angesichts der in der Literatur beschriebenen Ergebnisse fraglich erschien, wählten wir bei unseren ersten Versuchen mit wäßrigem Äthanol zunächst ein Lösungsmittelgemisch, das auch bei der Spaltung von Alkylhalogeniden mit Kaliumcyanid vielfach Verwendung findet. Die Umsetzung von Propan-1,3-ditosylat mit Kaliumcyanid ergab unter entsprechenden Bedingungen in 24%iger Ausbeute Glutarsäuredinitril. Bei Ausschluß von Wasser erhielten wir ebenfalls das Dinitril, wir mußten jedoch mehrfach destillieren, um es chromatographisch rein in die Hand zu bekommen.

Wenn man nun bei den Reaktionen organischer Substanzen mit Ionen den Einfluß des Reaktionsmediums berücksichtigt, so ist der Ablauf dieser Reaktionen in protischen Lösungsmitteln, wie beispielsweise in Äthanol und Wasser, nicht allein von den dielektrischen Eigenschaften des Lösungsmittels abhängig, sondern oft entscheidend von Solvatationseffekten. Das Lösungsvermögen protischer Solventien beruht darauf, daß neben einer elektrostatischen Orientierung der Lösungsmittelmoleküle die Solvatation von Anionen über die Ausbildung relativ fester Wasserstoffbrückenbindungen erfolgt. Die feste Solvathülle bedingt aber bei Substitutionsreaktionen eine verminderte Reaktivität nucleophiler Agentien. Demgegenüber treten bei der Solvatation von Anionen in aprotischen, dipolaren Medien wie Dimethylformamid lediglich Ion-Dipol-Wechselwirkungen auf. Die Anionen sind also in diesen Lösungsmitteln viel weniger solvatisiert und damit weitaus reaktionsfähiger als in protischen [67].

Entsprechend wurden Versuche in Dimethylformamid in Gegenwart und bei Abwesenheit von Wasser durchgeführt. Die Ausbeuten lagen zwar höher, die Aufarbeitung war jedoch sowohl bei Verwendung von Äthanol als auch von Dimethylformamid äußerst verlustreich, so daß ein quantitativer Vergleich der Ergebnisse hier nur mit Vorbehalt gezogen werden konnte.

Generell läßt sich aber sagen, daß sich der Zusatz von Wasser in beiden Fällen als günstig erwies. Der Anteil an säureamidhaltigen Reaktionsprodukten war selbst nach langen Reaktionszeiten minimal.

Im folgenden versuchten wir dann, die Ergebnisse der Voruntersuchungen auf 2.4-Pentanditosylat zu übertragen. Die Produkte, die wir bei Verwendung von Dimethylformamid als Reaktionsmedium in geringer Menge isolierten, waren trotz wiederholter Destillation dünnschichtchromatographisch nicht einheitlich. Sowohl bei den Umsetzungen in Gegenwart als auch in Abwesenheit von Wasser zeigten die Dünnschichtchromatogramme neben 2.4-Dicyanopentan eine ganze Reihe von Produkten an, die nach den Anfärbemethoden sowohl Nitril- als auch NH-Gruppen enthielten.

Um zu überprüfen, ob Dimethylformamid für die Bildung der Nebenprodukte verantwortlich war, setzten wir 2.4-Pentanditosylat mit Kaliumcyanid in Dimethylsulfoxid, einem Lösungsmittel vergleichbarer Polarität, um. Hier entstanden zwar nicht die oben erwähnten Nebenprodukte, andererseits ließ sich aber auch nicht eindeutig die Bildung von 2.4-Dicyanopentan im Dünnschichtchromatogramm erkennen. Daraufhin versuchten wir, 2.4-Pentanditosylat mit Kaliumcyanid in äthanolischer Lösung umzusetzen. Bei der Reaktion in Gegenwart von Wasser konnten wir ein Produkt isolieren, das dünnschichtchromatographisch etwa das gleiche Laufverhalten wie 2.4-Dicyanopentan zeigte, dessen IR-Spektrogramm aber erheblich von dem des Pentandinitrils abwich. Die Umsetzung in absolutem Äthanol erbrachte dem Dünnschichtchromatogramm nach keinerlei Umsetzung.

In dem folgenden Versuch setzten wir statt Äthanol *n*-Propanol ein, um die Umsetzung bei erhöhter Temperatur durchführen zu können. Das Reaktionsprodukt, das wir isolieren konnten, enthielt aber weder Nitrilgruppen noch sonstige Gruppen, die sich nach der Chlor/o-Tolidin-Methode anfärben ließen.

Demgegenüber wies aber ein als Niederschlag anfallendes Nebenprodukt einen merklichen Gehalt an Kaliumtosylat auf. IR-spektroskopisch fiel beim Hauptprodukt die hohe Intensität der C—O—C-Absorption bei 1080–1160 cm^{-1} auf. Eine nachträgliche Überprüfung der Umsetzung ergab weiterhin, daß Blausäure bei der Reaktion in Freiheit gesetzt wurde. Die elementaranalytische Bestimmung sowie NMR-spektroskopische Untersuchungen bestätigten schließlich unsere Vermutung, daß statt der CN-Gruppe das Lösungsmittel in Form der Alkoholatgruppe in die Reaktion eingetreten war und mit 2.4-Pentanditosylat den entsprechenden Dipropyläther gebildet hatte.

$$CH_3-CH-CH_2-CH-CH_3 \xrightarrow[\text{in Propanol-(1)}]{+ KCN} CH_3-CH-CH_2-CH-CH_3$$
$$\quad\; |\qquad\qquad |\qquad\qquad\qquad\qquad\qquad\qquad\quad |\qquad\qquad |$$
$$\;\text{OTos}\quad\;\text{OTos}\qquad\qquad\qquad\qquad\qquad\qquad\;\, O\qquad\quad\;\, O$$
$$\qquad\qquad\qquad\qquad\qquad\qquad\qquad\qquad\qquad\quad (CH_2)_2\quad (CH_2)_2$$
$$\qquad\qquad\qquad\qquad\qquad\qquad\qquad\qquad\qquad\quad CH_3\qquad CH_3$$
$$+ HCN + CH_3-\text{C}_6\text{H}_4-SO_3^{\ominus} K^{\oplus}$$

Offenbar ist die chemische Reaktivität der Tosylestergruppen in 2.4-Pentanditosylat gegenüber der nucleophilen Substitution durch CN-Gruppen in alkoholischer Lösung sehr gering. Statt der erwarteten Reaktion reagierte Kaliumcyanid mit n-Propanol unter Bildung des Alkoholats, und im zweiten Schritt erfolgte nach längeren Reaktionszeiten die Substitution der Estergruppen im 2.4-Pentanditosylat, nunmehr nicht durch die CN-, sondern durch die neu gebildeten Alkoholationen.

Um die Möglichkeit einer Beteiligung des Lösungsmittels an der Reaktion auszuschließen, wählten wir bei den folgenden Versuchen an Stelle von Alkohol Verbindungen, die sich Kaliumcyanid gegenüber chemisch völlig indifferent verhalten. Wir setzten Aceton, Benzol, Dioxan, Cyclohexanon und Methyläthylketon ein. Zur Vereinfachung und zur schnelleren Durchführung gaben wir im folgenden nur analytische Mengen der Reaktionspartner in den Reaktionsansatz und verfolgten den Verlauf der Umsetzung dünnschichtchromatographisch, indem wir dem Ansatz während der Reaktion laufend Proben zur Untersuchung entnahmen. Das Ergebnis dieser Versuche war jedoch negativ. Die Löslichkeit des Kaliumcyanids reichte in den genannten Lösungsmitteln nicht aus, die Substitution der Estergruppen im 2.4-Pentanditosylat herbeizuführen.

Bei einem entsprechenden Versuch in Äthylenglykol, das bekanntlich ein gutes Lösungsmittel für Kaliumcyanid ist, erhielten wir lediglich undefinierte Produkte. Die Bildung von 2.4-Dicyanopentan konnten wir auf dem Dünnschichtchromatogramm nicht erkennen. Durch Zusatz von Wasser konnten wir zwar alle Reaktionspartner in Aceton und Dioxan in Lösung bringen, jedoch führten die Umsetzungen zu einer ganzen Reihe von Produkten, die zum Teil Nitril-, zum Teil NH-Gruppen enthielten. Beim Nitrilgruppennachweis zeigte sich aber auf allen Dünnschichtplatten ein Substanzfleck, der dem R_f-Wert nach 2.4-Dicyanopentan zuzuschreiben war. Es lag demnach nahe, die übrigen Substanzen als Verseifungsprodukte des 2.4-Dicyanopentans anzusehen. Ihre Entstehung ließ sich als Folge der Einwirkung der wäßrig alkalischen Kaliumcyanidlösung erklären.

Wir änderten daher unsere Versuchsbedingungen und gaben Kaliumcyanid nicht mehr von Anfang an in den Reaktionsansatz. Nach Art der pH-Stat-Titrationen setzten wir mit Hilfe eines Autotitrators[1] in Kombination mit einer einfachen Bürette und einem Magnetventil Kaliumcyanid in Form einer wäßrigen Lösung so zu, daß sich im Reaktionsgemisch ein bestimmter pH-Wert einstellte. Auf diese Weise war es uns möglich, die Reaktion wahlweise bei einem vorgegebenen pH-Wert durchzuführen und die Bildung von Verseifungsprodukten durch Einwirkung überschüssigen Alkalicyanids zu vermeiden. Als Lösungsmittel setzten wir Gemische von Aceton, Äthanol und Dimethylformamid mit Wasser ein. Den pH-Wert variierten wir zwischen 8–11. Wie die dünnschichtchromatographische Untersuchung ergab, führte jedoch keiner der Versuche zur Bildung von 2.4-Dicyanopentan. Wir konnten weder die Entstehung säureamid- noch nitrilgruppenhaltiger Substanzen feststellen. Nach diesen Versuchen sahen wir von dem weiteren Einsatz des 2.4-Pentanditosylats zur Darstellung des 2.4-Dicyanopentans ab.

Ausgehend von 2.4-Pentandiol bietet sich aber über die Synthese des Dihalogenids und nachfolgender Umsetzung mit Alkalicyanid noch ein weiterer Weg an, zum entsprechenden Dinitril zu gelangen.

$$CH_3-CH-CH_2-CH-CH_3 \xrightarrow{PBr_3} CH_3-CH-CH_2-CH-CH_3$$
$$||\phantom{H-CH_3 \xrightarrow{PBr_3} CH_3-C}||$$
$$OHOH\phantom{H-CH_3 \xrightarrow{PBr_3} CH_3-C}BrBr$$

$$\xrightarrow{MeCN} CH_3-CH-CH_2-CH-CH_3$$
$$\phantom{\xrightarrow{MeCN} CH_3-C}||$$
$$\phantom{\xrightarrow{MeCN} CH_3-C}CNCN$$

Bei der Herstellung des Dihalogenids setzten wir 2.4-Pentandiol mit Phosphorsäuretribromid um und erhielten mit dem Dibromid eine Verbindung, die, verglichen mit den durch Fluor, Chlor und Jod entsprechend substituierten Alkylhalogeniden, eine mittlere Reaktivität besitzt. Die Reaktion von Phosphorsäuretribromid mit sekundären Alkoholen führt jedoch häufig zu Umlagerungen [68]. Nach W. GERRARD und H. R. HUDSON [69] kann man aber die Bildung von Isomeren dadurch vermeiden, daß man die Dealkylierung des bei der Umsetzung intermediär gebildeten Trialkylphosphits nur bis zur ersten Stufe durchführt.

---

[1] Titrigraph TTT I, Radiometer Kopenhagen.

$$PBr_3 + 3\ ROH \rightleftharpoons P(OR)_3 + 3\ HBr$$

$$P(OR)_3 + HBr \rightleftharpoons RBr + H^{\oplus} + {}^{\ominus}OP(OR)_2 \qquad [70]$$

Bei Einhaltung dieser Bedingung war jedoch in unserem Falle die Ausbeute an 2.4-Dibrompentan sehr gering.

Im folgenden stellten wir daher das Dihalogenid bei durchgreifender Dealkylierung des Phosphorsäuretrialkylesters her. Die dabei neben 2.4-Dibrompentan in geringer Menge möglicherweise auftretenden Stellungsisomeren sollten für unsere folgenden Versuche nur von unerheblichem Einfluß sein, da wir zunächst einmal untersuchen wollten, ob sich überhaupt in präparativ lohnendem Maße sekundäre Alkyldihalogenide wie 2.4-Dibrompentan durch Umsetzung mit Metallcyaniden in die entsprechenden Dinitrilderivate überführen lassen.

Zur Umsetzung von 2.4-Dibrompentan mit Kaliumcyanid wurde zunächst Äthanol/Wasser als Reaktionsmedium eingesetzt. Zur schnelleren Orientierung führten wir auch hier alle Versuche im analytischen Maßstab durch und verfolgten den Reaktionsablauf dünnschichtchromatographisch. Es zeigte sich, daß zwar 2.4-Dicyanopentan gebildet wurde, aber im gleichen Maße traten auch seine Verseifungsprodukte in Erscheinung. Andererseits entstanden bei Abwesenheit von Wasser weder 2.4-Dicyanopentan noch entsprechende Nebenprodukte. In weiteren Versuchen untersuchten wir dann die Möglichkeiten, 2.4-Dibrompentan mit Kaliumcyanid und Natriumcyanid in anderen Lösungsmitteln wie Äthylenglykol, Äthylenglykolmonomethyläther, Dimethylformamid und Dimethylsulfoxid zum Dinitril umzusetzen. In keinem Fall berechtigte aber das auf Grund der dünnschichtchromatographischen Untersuchungen gewonnene Ergebnis dazu, die Reaktion auch in präparativem Maßstab durchzuführen. Neben 2.4-Dicyanopentan konnten wir stets in gleichem Maße auch die Bildung mehrerer Nebenprodukte feststellen, deren Anzahl sich jeweils mit dem eingesetzten Lösungsmittel änderte.

4.1.3 Säulenchromatographische Aufarbeitung des nach der Synthese von T. TAKATA *gewonnenen 2.4-Dicyanopentans*

Das nach der Vorschrift von T. TAKATA hergestellte 2.4-Dicyanopentan fiel teils in kristalliner, teils in flüssiger Form an. Während der kristalline Anteil chemisch annähernd rein war, deutete das IR-Spektrogramm des flüssigen Anteils auf starke Verunreinigungen durch Substanzen mit Säureamid- und Estergruppen hin. Die Reinigung des flüssigen Produktes durch fraktionierte Destillation führte nicht zum Ziel. Im folgenden versuchten wir daher, auf säulenchromatographischem Wege eine Abtrennung der Nebenprodukte zu erreichen.

Als Trennmittel diente uns eine Kieselgelsäule (55 cm × 3 cm; Körnung: 0,05–0,2 mm), als günstigste Fließmittelkombination wurde nach dünnschichtchromatographischen Voruntersuchungen Dioxan/Hexan/Benzol im Volumenverhältnis (1 : 6 : 4) gefunden. Hierbei wurde das Reaktionsgemisch in drei Substanzpaare von jeweils zwei kurz aufeinanderfolgenden Produkten zerlegt, wobei die beiden Produkte mit den mittleren Laufzeiten 2.4-Dicyanopentan entsprachen.

Die Substanzen mit den kürzesten Laufzeiten schrieben wir esterhaltigen Verunreinigungen zu, die Produkte mit den längsten Laufzeiten konnten wir auf Grund der dünnschichtchromatographischen Anfärbemethode als säureamidhaltige Verbindungen erkennen. Das Hauptprodukt zeigte IR-spektroskopisch noch esterhaltige Verunreinigungen, andererseits ließ es sich, wie auch das als Kristallisat chemisch rein gewonnene 2.4-Dicyanopentan, unter diesen Bedingungen in zwei Substanzanteile zerlegen. Diese entsprachen auf Grund ihrer physikalischen Eigenschaften den dl- und meso-Diastereomeren des Dinitrils. Demnach ergab sich also hiermit eine Möglichkeit, bei Einsatz von reinem 2.4-Dicyanopentan die Stereoisomeren des Dinitrils in präparativ ausreichender Menge zu gewinnen.

4.2 Chemische Umsetzungen an Modellsubstanzen

4.2.1 *Hydrolyse der Carbonsäurenitrile*

Carbonsäurenitrile lassen sich in Gegenwart starker Säuren oder starker Basen in Carbonsäuren bzw. in deren Salze überführen. Die Reaktion erfordert im allgemeinen drastischere Maßnahmen als die Verseifung der Carbonsäureester. Ebenso wie bei Carbonsäureestern wird auch hier die Reaktion durch eine nucleophile Addition eingeleitet. Während bei der säurekatalysierten Hydrolyse zunächst die Protonisierung der Nitrilgruppen und im Anschluß daran die Anlagerung von Wasser erfolgt, greifen im alkalischen Medium Hydroxylionen direkt das Kohlenstoffatom in den Nitrilgruppen an. Das intermediär gebildete Säureamid wird dann analog durch eine nucleophile Addition des Wassers an die Carbonylfunktion und deren Rückbildung unter Freisetzung von Ammoniak zur Carbonsäure verseift.

$$R-C\equiv N \rightleftarrows \begin{cases} \xrightarrow{H^{\oplus}} R-\overset{\oplus}{C}=NH \\ \xrightarrow{OH^{\ominus}} R-C=N^{\ominus} \\ \phantom{\xrightarrow{OH^{\ominus}}} \underset{OH}{|} \end{cases} \underset{-H^{\oplus}}{\overset{H_2O}{\rightleftarrows}} R-\underset{OH}{\overset{OH}{C}}=NH \underset{-OH^{\ominus}}{\overset{H_2O}{\rightleftarrows}} R-\underset{OH}{\overset{OH}{C}}=NH \longrightarrow R-C\overset{O}{\underset{NH_2}{\diagdown}}$$

$$R-C\overset{O}{\underset{NH_2}{\diagdown}} \rightleftarrows \begin{cases} \xrightarrow{H^{\oplus}} R-C\overset{O}{\underset{NH_3^{\oplus}}{\diagdown}} \\ \xrightarrow{OH^{\ominus}} R-\underset{NH_2}{\overset{|\overline{O}|^{\ominus}}{C}}-OH \end{cases} \underset{NH_3}{\overset{H_2O}{\rightleftarrows}} R-\underset{NH_2}{\overset{OH}{C}}-OH_2 \xrightarrow{NH_3} R-C\overset{O}{\underset{OH}{\diagdown}} + NH_4^{\oplus}$$
$$ R-\underset{NH_2}{\overset{OH}{C}}-OH \longrightarrow R-C\overset{O}{\underset{OH}{\diagdown}} + NH_3$$

4.2.2 *Hydrolyse von Glutarsäuredinitril*

Im Hinblick auf unsere Versuche mit Polyacrylnitril führten wir die Hydrolyse von Glutarsäuredinitril in Gegenwart saurer Katalysatoren durch. Von der alkalischen Verseifung sahen wir ab, da Polyacrylnitril durch Einwirkung von Basen sowohl Verfärbungen zeigt [(71, 72] als auch der Kettenspaltung unterliegt [73, 74].
Über die saure Hydrolyse von Glutarsäuredinitril wurde wiederholt in der Literatur berichtet. Mehrere Autoren beschrieben diese Reaktion als ein Verfahren, mit guten Ausbeuten Glutarsäure herzustellen [75–78]. Im Rahmen der vorliegenden Arbeit versuchten wir nun, Einblicke in den Ablauf der Reaktion zu bekommen. Dabei legten wir uns die Frage vor: Über welche Zwischenprodukte verläuft die Reaktion und inwieweit treten diese infolge großer Stabilität bei den von uns gewählten Versuchsbedingungen als Nebenprodukte auf. Zur Beantwortung der Frage nutzten wir die Möglichkeiten der

Dünnschichtchromatographie, um auf experimentell einfache Weise die an der Reaktion beteiligten Verbindungen zu bestimmen. Wir entnahmen dem Reaktionsansatz während der gesamten Reaktionszeit Proben und konnten an Hand ihrer Chromatogramme die zeitliche Abnahme des Ausgangsproduktes, die Entstehung der Zwischenprodukte und die Bildung des Endproduktes verfolgen. Als Referenzsubstanzen dienten uns die Produkte, deren Entstehung theoretisch bei der sauren Hydrolyse von Glutarsäuredinitril möglich ist. Das Laufmittelgemisch bei den dünnschichtchromatographischen Untersuchungen setzte sich aus Diisopropyläther, Butanol-(1), Tetrachlorkohlenstoff und Eisessig (50/50/12,5/5) zusammen.

Die Hydrolyse von Glutarsäuredinitril erfolgte in 20%iger Salzsäure. Als azeotrop siedendes Gemisch zeigt 20%ige Säure beim Erhitzen keinerlei Konzentrationsänderungen, so daß wir den Verlauf der Hydrolyse auch über längere Zeiträume bei konstanter Säurekonzentration verfolgen konnten.

Variiert wurde die Reaktionstemperatur, um zu überprüfen, inwieweit sich auch unter milderen Bedingungen die Nitrilgruppen in Carboxygruppen überführen lassen. Als Reaktionstemperaturen wählten wir 60, 80 und 108°C, die Siedetemperatur des azeotropen Gemischs.

Wie sich zeigte, ließen sich alle theoretisch möglichen nitril-, carbonamid- und carboxygruppenhaltigen Hydrolyseprodukte des Glutarsäuredinitrils dünnschichtchromatographisch nachweisen. Zusätzlich zeigte sich ein weiteres Produkt, dessen Konstitution wir jedoch nicht aufklärten. Auffallend war, daß alle Reaktionsprodukte zumindest im anfänglichen Stadium der Reaktion gleichzeitig auftraten, und zwar um so intensiver, je niedriger die Reaktionstemperatur war. Beim Vergleich der Hydrolysegeschwindigkeiten ergab sich, daß in 20%iger Salzsäure die säureamid- und nitrilgruppenhaltigen Verbindungen etwa gleich schnell abreagierten. Bei der Temperatur von 108°C waren die Reaktionsgeschwindigkeiten jedoch so hoch, daß Glutarsäuremonoamid nicht mehr als Zwischenprodukt im Hydrolysegemisch erfaßt werden konnte. Demgegenüber erwiesen sich dem R_f-Wert nach Glutarsäuremonoamidmononitril und die uns unbekannte Substanz als äußerst hydrolysebeständig. Selbst nach 150 h Reaktionszeit bei Kochtemperatur waren die Produkte noch schwach im Chromatogramm zu erkennen.

In weiteren Versuchen hydrolysierten wir Glutarsäuredinitril auch in verdünnter Schwefelsäure. Auf den Dünnschichtchromatogrammen ließ sich aber nur schwer der Verlauf der Hydrolysereaktion verfolgen. Die uns aus den vorausgegangenen Versuchen mit Salzsäure bekannten Zwischenprodukte traten sehr unregelmäßig auf und konnten vielfach wegen Streifenbildung im Chromatogramm im einzelnen nicht erkannt werden.

4.2.3 Hydrolyse von 2.4-Dicyanopentan

Mit der Hydrolyse von 2.4-Dicyanopentan wollten wir in noch stärkerer Anlehnung an Polyacrylnitril das Verhalten der Nitrilgruppen bei Einwirkung von Säuren kennenlernen. Um zu überprüfen, ob sich 2.4-Dicyanopentan in seinem Reaktionsverhalten wesentlich von Glutarsäuredinitril unterscheidet, führten wir ebenso wie beim Glutarsäuredinitril die Hydrolysereaktion bei 60, 80 und 108°C mit 20%iger Salzsäure durch. Bei den dünnschichtchromatographischen Untersuchungen wurde wiederum das gleiche Laufmittelgemisch eingesetzt.

Durch die Einhaltung gleicher Chromatographierbedingungen beabsichtigten wir, auf Basis der Versuchsergebnisse von Glutarsäuredinitril die Chromatogramme der Hydrolysate von 2.4-Dicyanopentan entsprechend deuten zu können.

Die Auswertung der Chromatogramme ergab, daß die Hydrolyse von 2.4-Dicyanopentan analog dem Glutarsäuredinitril über mehrere gleichzeitig auftretende Zwischenstufen ablief. Eine entsprechende Zuordnung und Auswertung wie beim Glutarsäuredinitril war jedoch nicht möglich. Die meisten der Reaktionsprodukte waren im oberen Drittel der Chromatogramme zu finden. Die Abstände zwischen ihren Laufstrecken waren somit sehr klein, so daß in vielen Fällen infolge der wechselnden Qualität der Dünnschichtchromatogramme ihre Auftrennung sehr unterschiedlich ausfiel.

An dieser Stelle müssen wir uns daher als Ergebnis dieser Versuchsreihe mit der Feststellung begnügen, daß generell die Hydrolysezeiten bei 2.4-Dicyanopentan länger sind als bei Glutarsäuredinitril. So betrug der Zeitunterschied bei 108°C ca. 1 Stunde, bei 80°C etwa 6 Stunden und bei 60°C waren auch nach einer Woche Reaktionszeit noch deutlich drei Substanzflecken im Chromatogramm sichtbar.

Dies war auch ein Hinweis dafür, daß im Falle von Polyacrylnitril mit erheblich längeren Reaktionszeiten zu rechnen war.

Übereinstimmend mit Glutarsäuredinitril wurde auch 2.4-Dicyanopentan nicht vollständig in die Dicarbonsäure umgewandelt. Unabhängig von der Reaktionstemperatur blieben nach verlängerten Reaktionszeiten geringfügige Spuren nicht hydrolysierter Zwischenprodukte zurück.

4.2.4 Direkte Veresterung von Nitrilen

Nach A. PINNER [79] lassen sich fast sämtliche niedermolekularen Nitrile in der Kälte unter Einwirkung von Salzsäure oder Bromwasserstoff mit Alkoholen in die entsprechenden Iminoäther überführen, die dann infolge ihrer Basizität als Salze der eingesetzten Mineralsäuren anfallen.

$$R-CN + R'-OH + HCl \rightarrow R-C\underset{OR'}{\overset{NH}{\diagup}} \cdot HCl$$

Die salzsauren Iminoäther werden dann durch Wasser sehr leicht in die Carbonsäureester und Ammoniumchlorid zerlegt.

$$R-C\underset{OR'}{\overset{NH}{\diagup}} \cdot HCl + H_2O \rightarrow R-C\underset{OR'}{\overset{O}{\diagup}} + NH_4Cl$$

Die Zersetzung erfolgt bei einfachen Iminoäthern momentan.

Bei Nitrilen, deren entsprechende Carbonsäuren gegen Erwärmen und Säuren beständig sind, kann man auch in einem Arbeitsgang zum Säureester gelangen, wenn man das Nitril längere Zeit mit alkoholischer Salzsäure oder Schwefelsäure kocht. Den Angaben in der Literatur zufolge scheint man hierbei der Schwefelsäure den Vorzug zu geben [80, 81].

4.2.5 Direkte Veresterung von Glutarsäuredinitril

Die direkte Veresterung von Glutarsäuredinitril erfolgte in einer Mischung von Methanol und konz. Schwefelsäure im Volumenverhältnis 2:1. Bezogen auf das Dinitril wurden die Säure und der Alkohol in einem großen Überschuß eingesetzt. Wir wählten Schwefelsäure als Katalysator, da sie bei den späteren Versuchen mit Polyacrylnitril neben ihrer katalytischen Wirkung auch als Lösungsmittel für das Polymere dienen konnte. Die Reaktionstemperatur betrug 80–85°C.

Die Abnahme der Dinitrilkonzentration verfolgten wir wie bei der sauren Hydrolyse von Glutarsäuredinitril in der Weise, daß wir dem Ansatz während der Reaktion laufend Proben entnahmen und diese dünnschichtchromatographisch analysierten. Der Nachweis der Veresterungsprodukte von Glutarsäuredinitril war auf diesem Wege nicht möglich. Versuche, die Ester nach der von F. FEIGL [82] beschriebenen Methode über die Hydroxamsäuren mit Eisen(III)chlorid anzufärben, schlugen fehl. Eine andere Möglichkeit, die Ester, dem Nitrilgruppennachweis ähnlich, durch Amminolyse in die Carbonsäureamide zu überführen und diese dann nach der Chlor/o-Tolidin-Methode sichtbar zu machen, mußten wir ebenso fallenlassen, da dieses Verfahren eine zu geringe Empfindlichkeit besaß. Bei der chromatographischen Untersuchung der Proben aus dem Reaktionsansatz gingen wir daher wie folgt vor. Die Schwefelsäure wurde durch Zugabe einer konzentriert wäßrigen Bariumchloridlösung gefällt, wobei gleichzeitig der als Zwischenprodukt gebildete Iminoäther hydrolytisch in den Carbonsäureester überführt und im gleichen Arbeitsgang ohne Verzug mit Äther extrahiert wurde. Die Ätherextrakte wurden dann gaschromatographisch untersucht. Modellsubstanzen waren Glutarsäuredimethylester und Glutarsäuremononitrilmonomethylester. Diese gaben wir zusammen mit Proben aus dem Reaktionsansatz in den Gaschromatographen und konnten an Hand gleicher Retentionszeiten bzw. aus der Zunahme der Peakhöhe die Identität der Reaktionsprodukte feststellen.

Das in Äther unlösliche Glutarsäuredinitril, das sich noch nicht umgesetzt hatte, wurde dünnschichtchromatographisch nachgewiesen. Dies mußte sofort erfolgen, da sonst gegebenenfalls das Nitril nachträglich durch die bei der Fällung der Schwefelsäure mit Bariumchlorid gebildete Salzsäure hydrolysiert wurde. Die Ausfällung der Schwefelsäure war insofern unumgänglich, da sie sich andernfalls bei der Entwicklung der Chromatogramme störend bemerkbar gemacht hätte. Zur Entfernung der Salzsäure wurden die Platten vor dem Entwickeln 15 Minuten in einen 120°C heißen Trockenschrank gelegt.

Wie die Untersuchungen ergaben, erfolgte die Veresterung des Glutarsäuredinitrils zunächst über die Stufe des Glutarsäuremononitrilmonomethylesters. Dieser war aber unter den angegebenen Reaktionsbedingungen nicht beständig. Er setzte sich unmittelbar nach seiner Entstehung zum Diester um. In den Gaschromatogrammen zeigte sich dies in einer sehr raschen Zunahme des Diesteranteiles, der schon nach kurzer Reaktionszeit den des Monoesters übertroffen hatte (Abb. 1).

Daß nicht so sehr die Reaktivität des Zwischenproduktes, sondern in erster Linie das Reaktionsverhalten des Ausgangsproduktes für die Reaktionsdauer verantwortlich war, zeigte sich auch darin, daß wir Glutarsäuredinitril über eine verhältnismäßig lange Reaktionszeit dünnschichtchromatographisch nachweisen konnten. Erst nach 3 h bei einer Gesamtreaktionszeit von 3 h 40' fiel die Prüfung auf Glutarsäuredinitril negativ aus. Möglicherweise war aber das Ausgangsprodukt über einen noch längeren Zeitraum im Reaktionsansatz existent.

Neben dem Dinitril und dem auch in Wasser löslichen Glutarsäuremononitrilmonomethylester fanden sich im Dünnschichtchromatogramm mit γ-Cyanbuttersäure, Glutarsäurediamid und Glutarsäuremononitrilmonoamid auch deren Verseifungsprodukte. Während das Diamid nur kurzzeitig sichtbar war und Glutarsäuredinitril und der Monomethylester nach längeren Reaktionszeiten folgten, waren die übrigen Produkte bis zum Ende der Veresterungsreaktion noch schwach im Chromatogramm zu erkennen. Möglicherweise entzog sich Glutarsäuredinitril infolge Hydrolyse durch Einwirkung der anwesenden Salzsäure schon vorzeitig dem dünnschichtchromatographischen Nachweis. weis. Der Zeitpunkt, bei dem sich dünnschichtchromatographisch keine Substanzen mehr nachweisen ließen, konnte demnach also als Endpunkt der Veresterungsreaktion angesehen werden. Dieser war etwa nach 3h 40 erreicht. In guter Übereinstimmung damit zeigte sich auch im Gaschromatogramm zu diesem Zeitpunkt nur noch der dem Diester entsprechende Peak. Weitere Proben nach längeren Reaktionszeiten ließen eine Zunahme der Diesterkonzentration nicht erkennen.

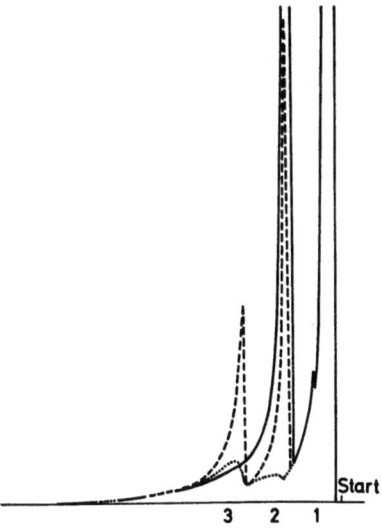

Abb. 1 Gaschromatogramm von Proben aus der Umsetzung von Glutarsäuredinitril mit Methanol in Gegenwart von Schwefelsäure

    1. Peak: Lösungsmittel (Äther und Methanol)
    2. Peak: Glutarsäuredimethylester
    3. Peak: Glutarsäuremononitrilmonomethylester

    Punktierte Linie: 20 Minuten Reaktionszeit;
    gestrichelte Linie: 45 Minuten Reaktionszeit;
    ausgezogene Linie: 3 h 40' Reaktionszeit.

4.2.6 Direkte Veresterung von 2.4-Dicyanopentan

Bei der direkten Veresterung des 2.4-Dicyanopentans mit Methanol und Schwefelsäure setzten wir die Reaktionspartner in den gleichen Mengenverhältnissen ein wie bei der Veresterung des Glutarsäuredinitrils. Den Reaktionsverlauf verfolgten wir gaschromatographisch. Das Ausgangsprodukt, wir setzten das als Kristallisat bei der Synthese nach T. TAKATA [58] gewonnene 2.4-Dicyanopentan ein, zeigte gaschromatographisch zwei Peaks im Intensitätsverhältnis 5 : 1. Diese konnten wir den Diastereomeren des Dinitrils zuordnen.
Nach H. G. CLARK [59] hat die dl-Form einen Schmelzpunkt von 50°C, die meso-Form von 8,8°C. Demnach mußte der Peak mit dem größeren Flächenanteil der dl-Form und der nachfolgende, kleinere Peak der meso-Form entsprechen.
Bei der Veresterung des Pentandinitrilgemischs waren in den Gaschromatogrammen neben dem Lösungsmittelsignal als Maximum fünf Peaks zu erkennen (Abb. 2).
Den Versuchsergebnissen mit Glutarsäuredinitril zufolge hätten sich aber bei der Umsetzung der beiden gaschromatographisch trennbaren Diastereomeren insgesamt sechs Produkte in der Reihenfolge des Diesters, dann des Monoesters und schließlich des Ausgangsproduktes zeigen müssen. Setzt man voraus, daß bei den Folgeprodukten keine Umkehrung der Retentionszeiten auftrat, dann mußten, dem Ausgangsgemisch

entsprechend, auch die Esterprodukte zunächst in der dl-, dann in der meso-Form im Gaschromatogramm erscheinen. Eine Überprüfung mit Hilfe entsprechender Modellsubstanzen war in unserem Fall nicht möglich. Aus den Änderungen der Peaks mit fortschreitender Reaktionszeit konnten wir aber erkennen, daß die ersten beiden Signale durch die Diester, die beiden letzten durch die Isomeren des Dinitrils ausgebildet wurden. Der zwischen beiden Signalgruppen auftretende Peak mußte dann unter Voraussetzung der obigen Annahmen dem Monoester der meso-Konfiguration entsprechen, während der Monoester in der dl-Form von dem Diester der meso-Form überlagert wurde (Abb. 2).

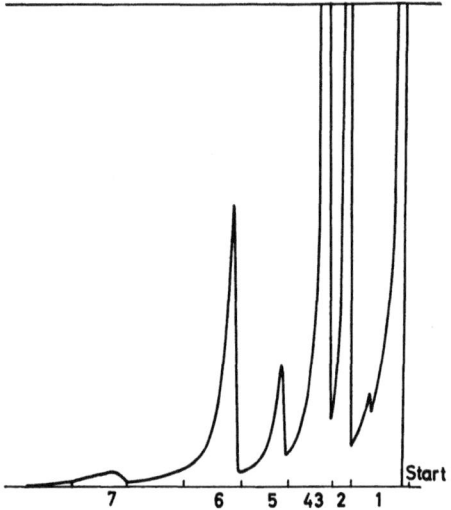

Abb. 2 Gaschromatogramm der direkten Veresterung von 2.4-Dicyanopentan mit Methanol in Gegenwart von Schwefelsäure nach 1.35 h Reaktionszeit
1. Lösungsmittelgemisch (Äther und Methanol)
2. dl-Pentan-2.4-dicarbonsäuredimethylester
3. meso-Pentan-2.4-dicarbonsäuredimethylester
4. dl-Pentan-2.4-dicarbonsäuremononitrilmonomethylester
5. meso-Pentan-2.4-dicarbonsäuremononitrilmonomethylester
6. dl-2.4-Dicyanopentan
7. meso-2.4-Dicyanopentan

Nach dieser Auslegung der Chromatogramme verlief die direkte Veresterung von 2.4-Dicyanopentan im Prinzip in der gleichen Weise wie die Reaktion beim Glutarsäuredinitril. Auch hier trat der Monoester nur in untergeordnetem Maße in Erscheinung. Abweichend von den Versuchsergebnissen mit Glutarsäuredinitril waren aber die Reaktionszeiten, auch die des Monoesters, bedeutend länger. Ferner zeigte sich, daß die Diastereomeren des 2.4-Dicyanopentans unterschiedlich schnell abreagierten. Wie die Flächen unter den Peaks erkennen ließen, änderte sich das Verhältnis der dl- zur meso-Form im Verlauf der Reaktion ständig zugunsten der dl-Form. Dies besagt aber, daß die meso-Form bei der Veresterungsreaktion reaktiver ist als die dl-Form Demzufolge waren auch die Reaktionszeiten beider Diastereomeren unterschiedlich. Während das Dinitril in der meso-Konfiguration nach 1 h 55′ im Gaschromatogramm nicht mehr sichtbar war, konnten wir das Isomere in der dl-Form erst nach 3 h 40′ Reaktionszeit nicht mehr nachweisen. Die Reaktionszeiten der entsprechenden Monoester konnten wir nur im Falle der meso-Konfiguration mit 3 h 40′ genau angeben. Der

Peak des dl-Isomeren fiel, wie bereits oben erwähnt, mit dem Signal des Diesters in der meso-Form zusammen und konnte somit für die Auswertung nicht herangezogen werden.

Das Ende der Reaktionszeit des dl-Monoesters und damit das Ende der gesamten Reaktion mußte aber mit dem Zeitpunkt zusammenfallen, bei dem das Mengenverhältnis der beiden Diester dem Ausgangsprodukt entsprechend wieder ca. 5 : 1 betrug. Wie wir beobachten konnten, änderte sich aber dieses Verhältnis bei verlängerten Reaktionszeiten nach Überschreiten eines Maximums wieder zuungunsten der dl-Form. Als Endpunkt der Reaktion geben wir daher den Zeitpunkt des Maximums an, bei dem nach 4h 40' Reaktionszeit das Verhältnis der dl- zur meso-Form 2,95 : 1 betrug.

4.3 Polymeranaloge Umsetzungen an Polyacrylnitril

4.3.1 Saure Hydrolyse von Polyacrylnitril

Über die saure Hydrolyse von Polyacrylnitril wurde in der Literatur bereits wiederholt berichtet.

A. A. STREPICHEEV und Mitarbeiter [83] behandelten Fasermaterial aus Polyacrylnitril mit Schwefelsäure verschiedener Konzentration. Die Reaktionstemperaturen lagen zwischen Raumtemperatur und 120°C. Die Reaktionsprodukte wurden an Hand der Stickstoffwerte und Säurezahlen charakterisiert. Bei Raumtemperatur und einer Säurekonzentration von 75 bis 95% erhielten die Autoren Produkte, die überwiegend Säureamidfunktionen enthielten. Der Anteil an Carboxygruppen war geringfügig. Die Diskrepanz, die zwischen dem theoretischen, bezogen auf Amid, und dem ermittelten Stickstoffwert gefunden wurde, erklärten die Autoren mit der Bildung von Säureimidgruppen. Einen Hinweis hierfür erbrachten auch die Versuche mit Glutarsäuredinitril, wo ebenfalls unter gleichen Bedingungen Cyclisierung zum Imid festgestellt wurde. Bei Erwärmung auf 95°C und Säurekonzentrationen zwischen 65% und 95% stieg der Imidanteil im Polymeren an. Mit fallender Schwefelsäurekonzentration nahm der Imid- und Amidanteil ab, während der Säureanteil stieg. Unter Einwirkung von 50%iger Schwefelsäure bei 120°C entstand nahezu quantitativ Polyacrylsäure. Lediglich ein Reststickstoffgehalt bis zu 0,5% deutete auf unverseifbare Anteile hin, die auch bei verlängerten Reaktionszeiten nicht in die Carboxygruppen überführt werden konnten. Zur Frage der Spaltung von C—C-Bindungen bei der Säurebehandlung gaben Viskositätsmessungen Auskunft. Hierbei zeigte sich bei den Versuchen bei Raumtemperatur, daß die Viskosität nur am Anfang der Reaktion erheblich abnahm, bei nachfolgender Behandlung aber nahezu konstant blieb.

W. WELTZIEN und W. FESTER [84] führten ebenfalls die saure Hydrolyse von Polyacrylnitrilfasern in wäßriger Schwefelsäure durch. Sie setzten ca. 50 Gew.-% Schwefelsäure ein und wählten eine Temperatur von 100°C. Ihre Untersuchungen sollten Aufschluß darüber geben, inwieweit chemische Veränderungen die technologischen Eigenschaften des eingesetzten Fasermaterials veränderten. Als Ausgangsmaterial wählten sie drei Polyacrylnitrilfasern verschiedener Provenienz. Nach verschiedenen Reaktionszeiten wurden der bei der Reaktion unlöslich gebliebene sowie der aus dem Reaktionsmedium ausfällbare Anteil auf Stickstoff und Carboxygruppen untersucht. Den nicht ausfällbaren Anteil setzten die Autoren mit dem ausgefällten Material chemisch gleich.

Wie die Versuchsergebnisse zeigten, trat bei allen Fasertypen Hydrolyse der Nitrilgruppen ein. Beginn und Reaktionsdauer waren aber bei den einzelnen Fasersorten verschieden. Die viskosimetrischen Daten ließen keine Spaltung von C—C-Bindungen in den Kohlenstoffketten erkennen.

In einer weiteren Arbeit beschreibt auch G. PRATI [85] die saure Hydrolyse von Polyacrylnitril. Seine Versuchsergebnisse decken sich im wesentlichen mit denen der vorgenannten Arbeiten.

Wie im besonderen die Versuche von W. WELTZIEN und W. FESTER [84] zeigen, werden im Falle einer heterogenen Umsetzung Beginn und Endpunkt polymeranaloger Reaktionen an Fasern nicht allein von der chemischen Konstitution des Polymeren, sondern in erheblichem Maße auch von der physikalischen Beschaffenheit des eingesetzten Fasermaterials bestimmt. So führen die Autoren die Unterschiede in den Hydrolysezeiten bei den einzelnen Faserprovenienzen auf Unterschiede im Verstreckungsgrad zurück. Fasern mit niedrigerem Verstreckungsgrad werden ihren Ausführungen zufolge schneller hydrolysiert als hochorientierte Materialien. Der Grund ist darin zu sehen, daß bei geringer Verstreckung die Säure schneller in das Faserinnere eindringen kann als bei hoher Verstreckung. Sehen wir einmal von den strukturellen Merkmalen ab, so zeigen auch die Fasermaterialien selbst Unterschiede. Die heute kommerziell hergestellten Fasertypen bestehen kaum noch aus reinem Polyacrylnitril. Zur Verbesserung ihrer technologischen Eigenschaften enthalten sie in mehr oder minder großem Umfang Comonomere oder sind durch Applikation chemischer Auflagen nachträglich verändert worden.

Um von definierten Produkten ausgehen zu können, stellten wir daher Polyacrylnitril selber her und setzten das nach sorgfältiger Reinigung der Monomeren gewonnene Polymerisat in Pulverform ein.

Bei der Herstellung des Polyacrylnitrils wählten wir ein Verfahren, das von A. HUNYAR und H. REICHERT [86] ausgearbeitet worden ist. Hiernach wird Polyacrylnitril nach Art der Lösungssuspensionspolymerisation mit Peroxidisulfat und Pyrosulfit unter Zusatz eines Kettenreglers radikalisch polymerisiert. Das auf diese Weise hergestellte Produkt ist in seiner Qualität reproduzierbar, zeigt eine enge Kettenlängenverteilung und ist in den üblichen Lösungsmitteln gut löslich. Die Grenzviskosität lag nach Messungen im Ubbelohde-Viskosimeter bei 1,73 (dl/g).

Die Hydrolyse des Polymeren führten wir zunächst in 50 Gew.-%iger Schwefelsäure bei Temperaturen oberhalb 100°C durch. Die Produkte, die wir erhielten, waren jedoch vielfach gelb bis braun verfärbt, was auf eine teilweise Zersetzung schließen ließ.

Zu unverfärbten Produkten führten die Umsetzungen in 20%iger Salzsäure. Den Vorversuchen mit niedermolekularen Nitrilen entsprechend setzten wir die Säure in einem großen Überschuß ein, damit der bei der Reaktion gegebene Säureverbrauch ohne wesentlichen Einfluß auf die Säurekonzentration im Gesamtreaktionsansatz blieb. Als Reaktionstemperatur wurde mit 108°C die Siedetemperatur der 20%igen Salzsäure eingestellt. Polyacrylnitril hydrolysierte unter diesen Bedingungen zunächst in heterogener Phase und ging dann nach Ablauf von 30 h Reaktionszeit in Lösung. Um den Fortgang der Hydrolyse auch zahlenmäßig erfassen zu können, führten wir die Umsetzung in mehreren Versuchen bei verschieden langen Reaktionszeiten durch. Die Hydrolysate wurden zur Abtrennung der niedermolekularen Anteile und anorganischer Salze zunächst gegen Wasser dialysiert und anschließend gefriergetrocknet. Auf diese Weise konnten wir die sonst bei der Ausfällung üblichen Verluste vermeiden und, sehen wir einmal von der Selektion bei der Dialyse ab, die bei der Stickstoff- und Carboxygruppenbestimmung erhaltenen Werte als repräsentativ für das gesamte polymere Umsetzungsprodukt ansehen.

Bei den quantitativen Bestimmungen ließen sich jedoch nur die Carboxygruppen durch potentiometrische Titration spezifisch erfassen. Die nach KJELDAHL ermittelten Stickstoffwerte repräsentierten die im Polymeren noch vorhandenen Nitrilgruppen sowie die bei der sauren Hydrolyse der Nitrilgruppen als Zwischenstufen auftretenden Carbonamid- und möglicherweise Carbonimidgruppen.

Durch IR-spektroskopische Untersuchungen konnten wir aber an Hand der isoliert bei 2234 cm^{-1} auftretenden Nitrilbande den Rückgang des Nitrilgruppengehaltes mit fortlaufender Reaktionszeit verfolgen. Nach 27 h Reaktionszeit waren keine Nitrilbanden mehr zu erkennen. Auch der Stickstoffwert war zu diesem Zeitpunkt auf unter 2% gesunken. Eine 100%ige Umsetzung konnten wir jedoch nicht erzielen. Selbst nach 240 h Hydrolysezeit blieben mit 0,2–0,4% noch geringe Mengen nicht hydrolysierter, stickstoffhaltiger Anteile im Polymeren zurück.

4.3.2 Direkte Veresterung von Polyacrylnitril

Im Zusammenhang mit der sauren Hydrolyse studierten A. A. STREPICHEEV und Mitarbeiter [83] auch die direkte Veresterung von Polyacrylnitril. Sie setzten Polyacrylnitrilfasern in Mischungen von Schwefelsäure und Methanol bei 130–140°C um und erhielten Produkte mit bis zu 86% Methylesteranteilen. Die übrigen Anteile identifizierten die Autoren an Hand von Stickstoffwerten und Säurezahlen als Carboxy- Carbonamid- und Carbonimidgruppen.

Im Hinblick auf die Verbesserung der elektrostatischen Eigenschaften untersuchte W. FESTER [87] ebenfalls die direkte Veresterung der Nitrilgruppen bei Polyacrylnitrilfasern. Um die Faserstruktur zu erhalten, wurde das Polymere nur partiell umgesetzt. Die Umsetzungen fanden in Mischungen von Schwefelsäure und Äthylenglykol statt. Unter Berücksichtigung der chemischen Konstitution und der Eigenschaften des Äthylenglykols war in diesem Fall neben der Bildung von carboxy- und stickstoffhaltigen Nebengruppen die Entstehung mehrerer Estergruppen möglich. Die Esterverknüpfung konnte sowohl mono- als auch bimolekular erfolgen, wobei das Äthylenglykol monomolekular bzw. polymolekular in die Reaktion eintreten konnte. Genauere Angaben, inwieweit die Umsetzung in der einen oder anderen Richtung abgelaufen war, konnte der Autor nicht machen, da die Reaktionsprodukte in allen herkömmlichen Lösungsmitteln unlöslich waren. Als Ursache für die Unlöslichkeit ist die Quervernetzung des Polymeren durch Esterbrücken des Äthylenglykols anzusehen.

Im Rahmen unserer Arbeiten setzten wir uns das Ziel, zunächst einmal Polyacrylnitrilpulver möglichst quantitativ in Polyacrylsäuremethylester zu überführen.

Erste Versuche bei den von A. A. STREPICHEEV und Mitarbeiter [83] angegebenen Versuchsbedingungen führten in unserem Fall nicht zum Ziel. Die Produkte waren stets stark verfärbt und in den für Polyacrylsäuremethylester bekannten Lösungsmitteln unlöslich. Reproduzierbar und mit ausreichenden Umsatzraten ließ sich dann das Polymere in Methanol/Schwefelsäure-Mischungen (V/V 2:1) bei 100°C, nach Lösung des Polymeren, bei 85°C nach 100 h Reaktionszeit in Polyacrylsäuremethylester überführen. In ihrer Zusammensetzung entsprachen die Veresterungsprodukte in etwa den Produkten, die auch die russischen Autoren bei ihren Umsetzungen erhalten hatten. Unter der Voraussetzung, daß alle sauren Gruppen sich auf die Bildung von Acrylsäureeinheiten zurückführen ließen, enthielt der auf diese Weise gewonnene Polyacrylsäuremethylester weniger als 10% der freien Säure. Der Stickstoffgehalt betrug ca. 0,25%. Von einer quantitativen Bestimmung der Methoxygruppen sahen wir ab. Hier begnügten wir uns mit dem Vergleich der IR-Spektren des Umsetzungsproduktes und des Polyacrylsäuremethylesters, hergestellt aus dem entsprechenden Monomeren. Die aufgenommenen Spektren zeigten, abgesehen von den Carboxygruppenschwingungen, weitgehende Übereinstimmung.

Nicht zufriedenstellend waren jedoch die lange Reaktionszeit und der relativ hohe

Säuregehalt. Wir suchten daher zunächst durch Temperaturerhöhungen die Reaktionszeit zu verkürzen. Eine sichtliche Abnahme stellt sich bei Temperaturen um 120°C ein. Gleichzeitig zeichnete sich aber auch eine verstärkte Tendenz zur Säurebildung ab. Dies ist verständlich, da Methanol und Schwefelsäure unter Bildung von Mono- und Dimethylsulfat und Dimethyläther Wasser abspalten [88]. Werden nun derartige Reaktionen durch entsprechende Temperaturerhöhungen beschleunigt, sinkt die Säurekonzentration im Reaktionsansatz und die Umsetzungsprodukte sowie das Ausgangsprodukt können infolge des erhöhten Wassergehaltes teilweise der Hydrolyse unterliegen. Um diese Einflüsse nun auszuschalten, gaben wir zusätzlich noch wasserentziehende Mittel in den Reaktionsansatz. Anfängliche Versuche mit wasserfreiem Natriumsulfat führten nicht zum Ziel. Wirksamer war hier der Zusatz von Diphosphorpentoxid. Es bedurfte aber noch einer ganzen Reihe von Versuchen, um zu reproduzierbaren Ergebnissen zu kommen. Vielfach bildeten sich sehr stark verfärbte Reaktionsprodukte, und in manchen Fällen war sogar der Säureanteil in den Reaktionsprodukten bei Versuchen mit Diphosphorpentoxid höher als bei entsprechenden Umsetzungen ohne Trockenmittel. Dies kann seinen Grund darin haben, daß gerade durch die Anwesenheit stark wasserentziehender Mittel Hydrat bildende Nebenreaktionen gefördert und damit Hydrolysereaktionen am Polymeren verstärkt werden können.
Wir setzten daher bei den nachfolgenden Versuchen Diphosphorpentoxid erst nach Ablauf von ca. 3/4 der Reaktionszeit dem Reaktionsansatz zu, um einmal das bis dahin gebildete Reaktionswasser auffangen, und zum anderen, um den Ablauf der Umsetzung in möglichst wasserfreiem Medium zu Ende bringen zu können. Der Polyacrylsäuremethylester, der auf diese Weise nach 26 Stunden Reaktionszeit hergestellt werden konnte, war schwach gelblich verfärbt und wies einen Säuregehalt von 11% auf.
Wenn man nun davon ausgeht, daß der Säuregehalt der oben beschriebenen Veresterungsprodukte in einem unmittelbaren Zusammenhang mit dem Wassergehalt der Reaktionsmedien steht, dann müßten Maßnahmen, die die Bildung von Reaktionswasser aus Methanol/Schwefelsäure vermeiden bzw. ohne nachteilige Nebenwirkungen auffangen, zu wesentlich verbesserten Reaktionsprodukten führen. Davon ausgehend untersuchten wir dann im weiteren, inwieweit der Einsatz von Dimethylsulfat für derartige Umsetzungen in Frage kam. Dimethylsulfat vermag Polyacrylnitril zu lösen und kann durch eigene Hydrolyse unter Bildung der für die Veresterungsreaktion benötigten Reaktionspartner Methanol und Schwefelsäure chemisch anfallendes Reaktionswasser wieder abbinden. Entsprechend wurde Polyacrylnitril in Mischungen aus Dimethylsulfat und Methanol in Gegenwart katalytischer Mengen Schwefelsäure bei 100°C und 48 Stunden Reaktionszeit umgesetzt. Wie sich zeigte, wurde unter diesen Bedingungen Polyacrylnitril nahezu vollständig in Polyacrylsäuremethylester überführt. Der Säuregehalt betrug lediglich 3,4% und war damit der geringste bei allen bisher hergestellten Produkten.
Nicht uninteressant in diesem Zusammenhang war aber noch die Frage, inwieweit die Konfiguration des Polymeren unter den genannten Bedingungen verändert wurde bzw. unbeeinträchtigt blieb. Der stereochemische Aufbau beeinflußt nicht allein nur die physikalischen, sondern in erheblichem Maße auch die chemischen Eigenschaften eines Makromoleküls. Die Frage nach der Konfiguration wurde daher auch besonders im Hinblick auf den thermischen Abbau des Polymeren eingehender untersucht. Über die Untersuchungsergebnisse wird an anderer Stelle ausführlicher berichtet, so daß hier nur ein kurzer Hinweis genügen soll [89].
Als Modellsubstanz diente bei diesen Untersuchungen 2.4-Pentandicarbonsäuredimethylester. Der Ester läßt sich aus dem Säureanhydrid stereochemisch nahezu einheitlich gewinnen, so daß sich aus dem Isomerenverhältnis der dl- bzw. meso-Form

nach entsprechender Umsetzung wie beim Polymeren der Racemisierungsgrad leicht ablesen ließ. Im Falle des Polymeren wurde α-Deuteropolyacrylnitril eingesetzt. Hier mußte sich ein Konfigurationswechsel in einer Austauschreaktion des Deuteriums gegen Wasserstoffionen aus dem Reaktionsmedium äußern. Es zeigte sich, daß das Polymere bei allen Umsetzungen der Racemisierung unterlag, und zwar um so stärker, je höher die Temperatur war. Keine Racemisierung hingegen wurde bei Umsetzungen beobachtet, die stufenweise, d. h. mehrmals bei kurzen Reaktionszeiten jeweils unter Erneuerung des Reaktionsmediums durchgeführt wurden. Der Veresterungsgrad war jedoch unter diesen Bedingungen merklich niedriger als bei den vorausgegangenen Versuchen.

Mit diesen Untersuchungen schlossen wir unsere Versuche zur sauren Hydrolyse und direkten Veresterung von Polyacrylnitril ab und begannen mit der chemischen Modifizierung von Polyacrylnitrilfasermaterial. Diese Arbeiten stehen aber zur Zeit noch im Versuchsstadium. Es galt zunächst einmal, eine Apparatur zusammenzustellen, die es erlaubte, bei geringer und konstanter Fadenspannung eine chemische Umwandlung des kontinuierlich ablaufenden Fasermaterials herbeizuführen. Im Gegensatz zu den vorausgegangenen Untersuchungen genügten hier jedoch nur topochemische Umsätze, denn lediglich Veränderungen auf der Oberfläche können beispielsweise Einfluß auf das elektrostatische Verhalten von Fasermaterialien haben.

Erste Versuche in 20%iger HCl ergaben keine Veränderungen; in 50 gew.-%iger Schwefelsäure bei Verweilzeiten um 5 Minuten und 150°C hingegen stellten wir bei gleichbleibendem Kraft-Dehnungsverhalten eine geringfügige Abnahme in den Stickstoffwerten fest. Auch hinsichtlich der elektrostatischen Aufladung zeigten die modifizierten Fasern bei gleichen Reibkörpern ein unterschiedliches elektrisches Potential. Bei der Messung der statischen Elektrizität sind jedoch noch grundlegende Untersuchungen erforderlich, so daß wir an dieser Stelle noch keine eingehenderen Aussagen machen können.

5. Diskussion

5.1 Darstellung von 2.4-Dicyanopentan durch Alkylierung von Nitrilen

Durch die Entwicklung einer leistungsfähigen Methode, Nitrile dünnschichtchromatographisch nachzuweisen, war es uns möglich, sowohl bei ihrer Synthese als auch bei ihrer chemischen Umsetzung auf experimentell einfache Weise Einblick in das Reaktionsgeschehen zu bekommen.

So zeigten sich bei der Synthese von 2.4-Dicyanopentan nach T. TAKATA in der ersten Reaktionsstufe nach der Addition von Cyanessigester an Methacrylnitril in Gegenwart äquimolarer Mengen Natrium nitrilhaltige Verunreinigungen. Wie sich nachweisen ließ, handelte es sich hierbei um Oligomerisate des Methacrylnitrils. Diese siedeten im gleichen Siedintervall wie das Hauptprodukt und konnten daher erst in den nachfolgenden Reaktionsstufen sukzessive entfernt werden.

Die Bildung derartiger Nebenprodukte ließ sich vermeiden, als wir statt Methacrylnitril das Additionsprodukt mit Bromwasserstoff in die Reaktion mit Cyanessigester einsetzten. Das nachfolgend erhaltene 2.4-Dicyanopentan war analysenrein. Die Ausbeuten bei der Kondensationsreaktion waren jedoch zu niedrig, um von dieser Synthesemöglichkeit bei der Darstellung von 2.4-Dicyanopentan Gebrauch machen zu können. Weiterhin konnten wir feststellen, daß mit der Einführung der Isobutyronitrilgruppe in die 2-Stellung des Cyanessigesters die Methylierung im zweiten Reaktionsschritt der TAKATA-Synthese erheblich erschwert wurde. Ein möglicher Grund ist die sterische Resonanzhinderung beim intermediär gebildeten Carbanion, was eine erhebliche Minderung der Säurestärke der tert. CH-Gruppe zur Folge hätte.

Problematisch war auch die Esterverseifung der dritten Reaktionsstufe. Obwohl die Ester- und die Nitrilgruppe eine unterschiedliche Reaktivität besitzen, zeigte das Experiment im wiederholten Fall, daß bei noch unvollständiger Esterhydrolyse die Nitrile schon teilweise zum Carbonsäureamid verseift wurden.

Die Abtrennung der Verunreinigungen auf säulenchromatographischem Wege gelang nur teilweise. Während sich die Carbonsäureamide ohne Schwierigkeiten entfernen ließen, waren die Unterschiede in den physikalischen Eigenschaften bei den reinen Dinitrilen und den esterhaltigen Nebenprodukten so gering, daß sie auch nach Erprobung zahlreicher Laufmittelgemische säulenchromatographisch an Kieselgel nicht aufgetrennt werden konnten. Andererseits ließen sich aber die Diastereomeren des 2.4-Dicyanopentans in der dl- und meso-Form auf diese Weise vollständig voneinander trennen.

Die Versuche, 2.4-Dicyanopentan in einem Reaktionsschritt durch Addition von Propionitril an Methacrylnitril zu gewinnen, führten nicht zum Ziel. Große Mengen zähflüssiger, zum Teil fester Produkte ließen auf eine Polymerisation des Methacrylnitrils in Gegenwart des als Katalysator eingesetzten Natriumhydrids schließen. Die Umsetzung von Propionitril mit β-Bromisobutyronitril und Lithiumbutyl als Kondensationsmittel ergab ebenfalls undefinierte Reaktionsprodukte. Neben der nach K. ZIEGLER und H. OHLINGER [62] möglichen Bildung von Ketimiden mußten die Nitrilkomponenten in der Hauptsache polymerisiert worden sein. Aber auch der Einsatz von Natriumamid und Lithiumdiäthylamid in der von K. ZIEGLER und H. OHLINGER [62] beschriebenen Weise führte in unserem Fall nicht zum gewünschten Dinitril. Dazu sei gesagt, daß die Acidität bei Nitrilen vom Acetonitril nach den monosubstituierten Alkylderivaten außerordentlich stark abfällt. Die Metallierung des Propionitrils war daher nur sehr schwer möglich. Aber selbst bei einer Metallsalzbildung war auch von dem β-Bromisobutyronitril in seiner Eigenschaft als primäres Halogenderivat keine besonders hohe Reaktivität zu erwarten. Dies mag der Grund sein, warum auch Glutarsäuredinitril bei der Methylierung unter analogen Bedingungen nur in unerheblichem Maße 2.4-Dicyanopentan bildete.

5.2 Versuche zur Darstellung von 2.4-Dicyanopentan aus reaktiven Pentanderivaten

Das Synthesevorhaben, 2.4-Dicyanopentan aus Pentanderivaten mit reaktiven Gruppen durch Einführung von CN-Gruppen herzustellen, war Vorversuchen mit einem entsprechenden Propanderivat nach erfolgversprechend. So konnte Propan-1,3-ditosylat ohne Schwierigkeit mit Kaliumcyanid in Glutarsäuredinitril überführt werden. Demgegenüber zeigte 2.4-Pentanditosylat bei der Umsetzung mit Alkalicyanid ein völlig anderes Reaktionsverhalten. Unter Berücksichtigung des möglichen Lösungsmitteleinflusses bei der nucleophilen Tosylatsubstitution durch das CN-Ion führten wir die Versuche in einer ganzen Reihe von Lösungsmitteln und Gemischen mit protischen sowie aprotischen Eigenschaften durch. Es zeigte sich aber, daß die Tosylatgruppen in dieser Position gegen eine Substitution besonders stabil waren. Lediglich bei Anwesenheit von Wasser konnte chromatographisch eindeutig in geringem Maße die Bildung von 2.4-Dicyanopentan festgestellt werden. Die gebildeten Nitrilverbindungen wurden jedoch im Überschuß des basisch reagierenden Kaliumcyanids zum Teil schon zu den

Carbonsäureamiden hydrolysiert. Versuche, nach Art der pH-Stat-Titration durch sukzessive Zugabe von Kaliumcyanid die Verseifung der Nitrile zu vermeiden, ergaben bei der geringen Konzentration des Reaktionspartners keinen Umsatz zum Dinitril.
Bei der Umsetzung in Propanol-(1) entstand nach längerer Reaktionszeit unter Solvolyse 2.4-Pentandipropyläther. Die Bildung mehrerer Substanzen bei der Reaktion in Dimethylformamid war nur als Folge unkontrollierbarer Nebenreaktionen des Lösungsmittels zu verstehen. In Dimethylsulfoxid, einem Lösungsmittel vergleichbarer Polarität, fand keinerlei Umsetzung statt. Angesichts der minimalen Umsätze in einer ganzen Reihe von Lösungsmitteln mit sehr unterschiedlichem Charakter können wir den Einfluß des Lösungsmittels als Ursache für die geringe Reaktivität des 2.4-Pentanditosylats gegenüber der Substitutionsreaktion durch CN-Gruppen ausschließen. Andererseits besaß aber das angreifende CN-Ion als stark nucleophiles Agens bei entsprechender Variation des Reaktionsmediums eine genügend hohe Reaktivität, die schwächer basische Tosylatgruppe abzuspalten. Der Grund für die niedrige Substitutionsgeschwindigkeit mußte demnach beim 2.4-Pentanditosylat selbst liegen. Verglichen mit Propan-1,3-ditosylat sind im 2.4-Pentanditosylat die Tosylestergruppen nicht endständig, sondern in mittelständiger Position an eine aus Kohlenwasserstoffgruppen bestehende Molekülkette gebunden. Die Beweglichkeit der Substituenten im 2.4-Pentanditosylat ist somit nicht mehr in dem Maße gegeben wie beim entsprechenden Propanderivat. Es ist daher möglich, daß bei der Größe der Substituenten, auch bei 1.3-Stellung zueinander, sterische Effekte das Reaktionsgeschehen am Reaktionszentrum maßgeblich beeinflußten.
Wenn wir den Fall eines S_N2-Austausches in Betracht ziehen, so können gewisse räumliche Überschneidungen zwischen dem an einer Stelle angreifenden CN-Ion und dem in β-Stellung zum Reaktionsort stehenden Molekülrest auftreten. Durch sterische Umorientierung kann dann zwar diese Störung beseitigt werden, aber als Folge würde die freie Drehbarkeit der Kohlenstoff–Kohlenstoff-Bindungen im Übergangszustand stark gehindert sein. Diese Einschränkung der Bewegungsfreiheit entspricht aber einer stärkeren Aktivierungsentropie, die damit die minimalen Umsätze bei den durchgeführten Substitutionsreaktionen erklären könnte. Im Prinzip kann die Substitution der Tosylestergruppen auch monomolekular nach dem S_N1-Mechanismus ablaufen. Offenbar ist aber die Stabilität des dabei intermediär gebildeten Carboniumions so gering, daß seine Bildung den vorliegenden Ergebnissen nach nur in untergeordnetem Maße erfolgt sein konnte.
Die Versuchsergebnisse der Umsetzungen von 2.4-Dibrompentan mit Alkalicyanid müßten dann in der gleichen Weise zu deuten sein, wenn man berücksichtigt, daß mit den Bromatomen ebenfalls sehr große Substituenten in der Molekülkette stehen.

5.3 Saure Hydrolyse und direkte Veresterung der niedermolekularen Modellsubstanzen

Erwartungsgemäß ergab die saure Hydrolyse von Glutarsäuredinitril die theoretisch erwarteten Zwischen- und Endprodukte. Vergleichbar mit den Ausführungen von B. S. RABINOVITCH und Mitarbeiter [90], die die saure Hydrolyse von Propionitril mit Salzsäure in Abhängigkeit von der Säurekonzentration untersucht haben, wurden bei den von uns eingehaltenen Hydrolysebedingungen die Nitrile etwa mit der gleichen Reaktionsgeschwindigkeit in die Carbonsäureamide wie ihrerseits die Carbonsäureamide in die Carbonsäuren überführt. Nach B. S. RABINOVITCH und Mitarbeiter [90] ist die Hydrolysegeschwindigkeit des Nitrils in Salzsäure oberhalb einer 11 n Säurestärke wesentlich größer und unterhalb einer 4 n Säurestärke erheblich kleiner als die des Amids.

Aussagen über die chemische Zusammensetzung geringer Mengen nicht hydrolysierbarer Anteile, die im Verlauf der Reaktion entstanden und auch nach sehr langen Reaktionszeiten noch sichtbar waren, können wir an dieser Stelle nicht machen. Sämtliche theoretisch möglichen Zwischenprodukte sowie Glutarsäureimid wurden unter gleichen Hydrolysebedingungen quantitativ in Glutarsäure überführt. Beim 2.4-Dicyanopentan wurden bei sonst annähernd gleichem Reaktionsverlauf bis zur vollständigen Hydrolyse längere Reaktionszeiten benötigt. Dies besagt aber, daß das Reaktionsverhalten von Nitrilgruppen in linearen Alkanen nicht allein von der eigenen chemischen Konstitution, sondern bis zu einem gewissen Grade auch von der Position in der Kohlenwasserstoffkette abhängig ist. Somit stellte 2.4-Dicyanopentan eine Verbindung dar, die in noch größerer Näherung, als dies Glutarsäuredinitril vermochte, den chemischen Zustand der Nitrilfunktionen im Polyacrylnitril widerspiegelte.

Entsprechend nahm auch die direkte Veresterung der Nitrilgruppen beim 2.4-Dicyanopentan einen längeren Zeitraum in Anspruch als beim Glutarsäuredinitril. Dabei zeigte sich, daß die Diastereomeren des Pentandinitrils unterschiedlich schnell abreagierten. Die Veresterung der Nitrilgruppen in der meso-Form erfolgte schneller als in der dl-Form. Ein Grund hierfür ist sicherlich auch darin zu sehen, daß sich bei der meso-Konfiguration die C—CN-Gruppendipolmomente addieren und der dadurch bedingte höhere Energiezustand auch eine erhöhte Reaktionsbereitschaft des Moleküls zur Folge hat. Das Mengenverhältnis der Diastereomeren im Reaktionsprodukt entsprach aber nicht mehr dem des Einsatzproduktes. Nach H. G. CLARK [59] mußte diese Änderung aus einem Konfigurationswechsel während der Umsetzung herrühren, denn seinen Versuchen zufolge werden die 2.4-Dicyanopentandiastereomeren in 12 n Salzsäure bereits nach einstündiger Säurebehandlung merklich racemisiert.

5.4 Polymeranaloge Umsetzungen an Polyacrylnitril und ihre Bedeutung

Wie sich zeigte, ließen sich im Prinzip die Reaktionen der niedermolekularen Verbindungen auch auf das Polymere übertragen. Wenn auch hier Nachbargruppeneffekte und Zugänglichkeit der reaktiven Gruppen in weit stärkerem Maße eine Rolle spielen, so konnten doch im Falle der sauren Hydrolyse und direkten Veresterung von Polyacrylnitril die Nitrilgruppen des Polymeren nahezu vollständig in die entsprechenden Hydrolyse- und Veresterungsprodukte überführt werden. Offenbar zeichnen sich die Nitrilgruppen auch bei Polymeren durch eine hohe Reaktivität aus. Angesichts der Vielfalt der verfügbaren Reaktionen scheinen uns somit auch auf diese Weise zahlreiche Möglichkeiten zur chemischen Modifizierung von Polyacrylnitril zur Verfügung zu stehen, wie sie uns eigentlich nur von der Copolymerisation her bekannt sind. Diese Untersuchungen finden damit nicht nur ein rein wissenschaftliches, sondern auch ein praktisches Interesse. Abgesehen von möglichen Änderungen der färberischen und mechanisch-technologischen Eigenschaften können derartige Versuche auch dazu beitragen, Beziehungen zwischen chemischer Konstitution und elektrostatischem Verhalten faseraufbauender Polymerer aufzufinden. Vielleicht läßt sich auf Basis dieser Untersuchungen ein Verfahren ausarbeiten, das eine permanente antistatische Ausrüstung von Textilfasern erlaubt. Jedenfalls erscheinen uns Veränderungen auf der Faseroberfläche durch polymeranaloge Umsetzungen im Hinblick auf das antistatische Verhalten verfahrenstechnisch ebenso sinnvoll wie chemische Modifikationen auf der Grundlage der Copolymerisation.

6. Experimenteller Teil

6.1 Analytische Untersuchungen

6.1.1 Dünnschichtchromatographischer Nachweis niedermolekularer Nitrile

Für die Sichtbarmachung der Nitrile fanden sich in der Literatur zunächst nur allgemeine wenig spezifische Nachweismethoden.

H. K. MANGOLD und R. KAMMERECK [91] wiesen in Lipoidgemischen Nitrile durch Jodabsorption sowie durch Behandlung mit 2.7-Dichlorfluorescein bzw. Chromschwefelsäure nach anschließendem Erhitzen nach. Ähnliche Nachweismethoden benutzten auch T. IIDA und Mitarbeiter [92], die nach der chromatographischen Auftrennung nitrilhaltiger Coloradoschieferöle 60%ige Schwefelsäure und Fluoresceinnatrium als Nachweisreagenzien einsetzten.

Die Detektion mit Rhodamin B-Joddampf schlugen schließlich K. M. BUSWELL und W. E. LINK [93] als Schnellnachweismethode vor. Der Erfolg dieser Nachweismethode sowie ihre Anwendung bei hinreichender Empfindlichkeit hängt jedoch in großem Maße von der chemischen Konstitution der zu untersuchenden Verbindungen ab. So lassen sich langkettige, kohlenstoffreiche Substanzen mit Schwefelsäure bzw. Chromschwefelsäure leicht verkohlen. Der Jodnachweis setzt Addition beispielsweise an Doppelbindungen bzw. Absorptionsmöglichkeiten voraus.

Diese Vorbedingungen waren aber bei den von uns untersuchten, niedermolekularen Produkten nicht gegeben. Ihr Nachweis im UV-Licht nach Besprühen mit Rhodamin B oder 2.7-Dichlorfluorescein war ebenfalls nicht möglich.

In einer kürzlich erschienenen Arbeit beschreibt H. H. EULENHÖFER [94] ein Verfahren, nach dem man nitrilhaltige Verbindungen in der Dünnschichtchromatographie spezifisch nachweisen kann. Bei der Ausarbeitung des Verfahrens ging der Autor von dem Gedanken aus, die Nitrile auf der Dünnschichtplatte in Verbindungen mit leicht nachweisbaren funktionellen Gruppen unzuwandeln. H. G. EULENHÖFER hydrolysierte Nitrilverbindungen mit 2 n Schwefelsäure und Perhydrol (9 : 1) bis zur Carboxygruppenstufe und machte den bei der Hydrolyse entstandenen Ammoniak, der als Ammoniumkation der entstandenen Carbonsäure vorlag, in einer Farbreaktion mit diazotiertem p-Nitroanilin sichtbar.

Den Weg, die Nitrile chemisch zu modifizieren, schlugen auch wir ein. In unserem Fall wurden die Produkte jedoch nur bis zur Carbonamidstufe hydrolysiert, um diese dann mit der sehr empfindlichen Chlor/o-Tolidin-Methode [95] nachweisen zu können. Die Hydrolyse erfolgte nach der Entwicklung der Chromatogramme im Laufmittelgemisch und wurde in einer thermostatisierbaren Trennkammer durch Einwirkung von HCl-Dampf durchgeführt. Den HCl-Dampf erzeugten wir durch Einstellen eines kleinen Becherglases mit rauchender Salzsäure. Die Hydrolysezeit betrug bei 50°C zwölf Stunden. Höhere Temperaturen verkürzten zwar die Reaktionszeit erheblich, jedoch es bestand die Gefahr, daß durch abtropfendes Kondenswasser von dem Kammerdeckel die Kieselgelschicht auf den Dünnschichtplatten, auch bei schräger Stellung mit der Schicht zur Kammerwand, stellenweise abgewaschen wurde. Bei Zimmertemperatur waren etwa 48 h Hydrolysezeit erforderlich. Nach der Säurebehandlung wurden die Dünnschichtplatten zur Austreibung des anhaftenden Chlorwasserstoffs 5 Minuten in einen 120°C heißen Trockenschrank eingelegt. Die Detektion der nunmehr als Carbonamid vorliegenden Nitrile erfolgte dann, wie bereits erwähnt, nach der Chlor/o-Tolidin-Methode. Die Erfassungsgrenze des Verfahrens, ermittelt bei Glutarsäuredinitril, lag bei ca. 0,5 µg. Allgemein läßt sich dieses Verfahren nur dann anwenden, wenn die zu untersuchenden Nitrile einen nicht zu hohen Dampfdruck haben [113].

Versuche, Carbonsäureester entsprechend durch Amminolyse in Carbonsäureamide sowie durch Besprühen mit Hydrazinhydratlösungen in Carbonsäurehydrazide zu überführen und diese dann nach der Chlor/o-Tolidin-Methode nachzuweisen, führten nicht zum Ziel. Lediglich bei der Amminolyse konnte bei der nachfolgenden Indikation eine schwache Farbentwicklung festgestellt werden, die aber für eine verläßliche Estergruppenbestimmung völlig unzureichend war.

6.1.2 Dünnschichtchromatographie

Die Dünnschichtchromatogramme wurden in aufsteigender Technik bei Kammersättigung auf Kieselgel-G-Platten entwickelt.
Vor dem Gebrauch wurden die Dünnschichtplatten 30 Minuten bei 120°C im Trockenschrank aktiviert. Als Fließmittel diente, falls nicht anders vermerkt, ein Gemisch aus: 50 ccm Diisopropyläther; 50 ccm Butanol-(1); 12,5 ccm Tetrachlorkohlenstoff und 5 ccm Eisessig (I.B.T.E.).
Die Indikation von Substanzen mit NH-Gruppen erfolgte nach der Chlormethode von H. ZAHN und Mitarbeitern [95]; Carbonsäuren wurden mit Bromkresolpurpur nachgewiesen [96].
Die Sichtbarmachung der Nitrile wurde nach der unter 6.1.1 beschriebenen Methode durchgeführt.

6.1.3 Viskositätsmessung

Das Polymere wurde bei verschiedenen Einwaagen von etwa 1 g bis 0,025 g jeweils in 100 ccm sorgfältig gereinigtem und getrocknetem Dimethylformamid gelöst. Die Messung der kinematischen Zähigkeit erfolgte in einem Ubbelohde-Viskosimeter der Anfertigung I der Firma Schott & Gen., Mainz. Die Auslaufzeiten wurden bei $25 \pm 0,01\,°C$ ermittelt. Nach Korrektur der kinetischen Energie wurden die für die Auswertung erforderlichen Größen:

$$\text{relative Viskosität } \eta_r = \frac{t}{t_0}$$

$$\text{spez. Viskosität } \eta_{sp} = \eta_r - 1$$

$$\text{Viskositätszahl } \frac{\eta_{sp}}{c} \left(c = \frac{g}{dl} \right)$$

unter Vernachlässigung der geringfügigen Dichteunterschiede gebildet.

Die graphische Extrapolation der Viskositätszahl auf die Konzentration Null ergab dann für Polyacrylnitril eine Grenzviskositätszahl von

$$[\eta]_{25°C} = 1,73\,\frac{dl}{g}.$$

6.1.4 Stickstoffbestimmung

Der Stickstoffgehalt von Polyacrylnitril und seiner polymeren Umsetzungsprodukte wurde nach der Methode von J. KJELDAHL [97] wie folgt bestimmt:

Etwa 0,1 g der zu untersuchenden Substanzen wurden in einen 100 ml fassenden Kjeldahlkolben genau eingewogen und mit 10 ml konz. Schwefelsäure versetzt. 0,25 g wasserfreies Kupfer(II)sulfat, 0,2 g Quecksilber(II)oxid und 0,12 g Quecksilber wurden als Katalysator, ferner 2,2 g wasserfreies Natriumsulfat als wasserentziehendes Mittel hinzugegeben [98]. Bei zunächst schwachem, dann bis zum lebhaften Sieden stärkerem Erhitzen war der Aufschluß nach ca. 45 Minuten Reaktionszeit beendet. Die hellgrüne, durchsichtige Lösung wurde nach dem Erkalten mit ca. 100 ml dest. Wasser verdünnt und quantitativ in eine für die Ammoniakbestimmung übliche Destillationsapparatur überführt. Die Freisetzung des Ammoniaks aus der schwefelsauren Lösung erfolgte durch Zugabe von 40 ml einer 40%igen Natronlauge. Um das Quecksilber als Sulfid auszufällen und so die Bildung komplexer Quecksilberammoniakverbindungen zu verhindern [99], wurden ferner 7–8 ml einer Lösung von 30 g Natriumsulfid in 100 ccm Wasser zugesetzt. Das Absorptionsgefäß enthielt, genau aus einer 10 ml Halbmikrobürette abgemessen, 50 ml 0,2 n Schwefelsäure.

Um Siedeverzüge zu vermeiden, wurde der Destillationsansatz mit einem Magnetrührer intensiv gerührt. Für einen gleichmäßigen Destillationsfluß sorgte ein Stickstoffstrom, der vorher mit konz. Schwefelsäure und nachfolgend mit 10%iger Natronlauge gewaschen wurde. Die Rücktitration der überschüssigen, durch Ammoniak nicht neutralisierten Schwefelsäure erfolgte mit 0,2 n Natronlauge, die einer Halbmikrobürette von 10 ml Fassungsvermögen entnommen wurde. Als Indikator diente der Mischindikator der Firma E. Merck, Darmstadt (Rotviolett pH 4,4; grün pH 5,8).

6.1.5 Gaschromatographische Untersuchungen

Die Gaschromatogramme wurden mit dem Gerät F 7 der Firma Bodenseewerk Perkin-Elmer (Bodensee), aufgenommen.

Als Trennsäule wählten wir eine 2 m lange, mit Chromosorb G und 0,5% Carbowax 20 M (Polyäthylenoxid) gepackte Säule, die unter der Bezeichnung 42 S 49.59 ebenfalls von der Firma Bodenseewerk Perkin-Elmer geliefert wird. Die Anzeige der chromatographierten Produkte erfolgte mit Hilfe eines Flammenionisationsdetektors. Dabei betrug die Strömungsgeschwindigkeit des Wasserstoffs 25 ccm/min und die der Luft 600–700 ccm/min.

Als Trägergas diente Stickstoff mit einer Strömungsgeschwindigkeit von 25 ccm/min. Die Thermostatisierung der Trennsäule wurde in Abhängigkeit von dem eingesetzten Analysengemisch variiert. Für die Auftrennung der Ester aus Glutarsäuredinitril ermittelten wir 100°C, für die Zerlegung der Reaktionsprodukte des 2.4-Dicyanopentans 95°C als günstigste Säulentemperatur.

Die Analysenergebnisse wurden mit einem Integrator der Firma Bodenseewerk Perkin-Elmer quantitativ ausgewertet.

6.1.6 Potentiometrische Titration

Zur Charakterisierung von Polyacrylnitril und der polymeren Derivate nach der Hydrolyse und direkten Veresterung wurde der Anteil der sauren Gruppen durch potentiometrische Titration quantitativ bestimmt. Bei der Durchführung folgten wir einer Vorschrift von W. BECKMANN und O. GLENZ [100]. In unserem Fall wurden etwa 100 mg des Polymeren in 25 ccm sorgfältig gereinigtem Dimethylformamid gelöst und bei guter Rührung mit wäßriger n/10 bzw. n/100 Natronlauge titriert. Bei den Veresterungsprodukten diente als Lösungsmittel eine Mischung aus Aceton und fünf Prozent Wasser. Die Dosierung des Titranten erfolgte mit dem Titrator TTT 11 in der Kombination mit pH-Meter und automatischer Kolbenbürette der Firma Radiometer, Kopenhagen. Die während der Titration auftretende Spannungsänderung zwischen einer in das Titrationsgefäß eintauchenden Glaselektrode und einer Kalomel-Gegenelektrode wurde durch den Titrigraphen, Typ SBR 20 der gleichen Firma automatisch registriert und als Potential-Volumenkurve in der Wendepunktform aufgezeichnet. Die Titrationskurven ließen sich graphisch gut nach den von C. F. TUBBS [101] und E. GREUTER [102] angegebenen Methoden ermitteln.

6.2 Präparativer Teil

6.2.1 Darstellung von Modellsubstanzen

6.2.1.1 Darstellung von 2.4-Dicyanopentan

Die Darstellung erfolgte nach einer Vorschrift von T. TAKATA [58].

Die weiteren Versuche zur Darstellung des Dinitrils auf Basis einer Alkylierung von Nitrilen bzw. auf Bais einer CN-Substitution bei reaktiven 2.4-Pentanderivaten sind ausführlich in [103] beschrieben.

6.2.1.2 Darstellung von Glutarsäure

Die Darstellung von Glutarsäure erfolgte nach einer Vorschrift von C. S. MARVEL und W. F. TULEY [77]. Bei einem Ansatz von 9,4 g (0,1 Mol) Glutarsäuredinitril ergab die saure Hydrolyse mit 50 g (ca. 0,5 Mol) 37%iger Salzsäure 12,3 g Glutarsäure.

Ausbeute: (93%) Lit.: (83–85%) [77]
Fp.: 96,5–97°C 97–98°C

(Rf-Wert (I.B.T.E.): 0,96)

6.2.1.3 Darstellung von Glutarsäurediamid

Glutarsäurediamid wurde durch Amminolyse von Glutarsäuredimethylester gewonnen.

4 g (0,025 Mol) Glutarsäuredimethylester wurden in 20 ccm (0,27 Mol) konz. Ammoniak (25%ig) gegeben und im Verlauf einer Stunde mehrmals geschüttelt. Während dieser Zeit war der Ester in Lösung gegangen. Nach Stehenlassen über Nacht wurden die wohlausgebildeten Kristalle abgenutscht, gründlich mit Äther gewaschen und über Diphosphorpentoxid getrocknet.

Ausbeute: 2,48 g (76,5%)

Fp.: 175°C Lit.: 175°C [104]
Elementaranalyse: Theor. C 46,14, H 7,74, O 24,59, N 21,52
                  Gef.   46,28   7,58   24,67   21,72

(Rf-Wert (I.B.T.E.): Substanz blieb am Startpunkt)

Glutarsäurediamid war geringfügig durch Spuren einer carbonsäureamidhaltigen Substanz bei Rf = 0,29 verunreinigt.

6.2.1.4 Darstellung von Glutarsäuremonoamid

Nach G. H. JEFFERY und A. I. VOGEL [105] wurde Glutarsäuremonoamid durch Amminolyse von Glutarsäureanhydrid hergestellt.
Die Freisetzung der Säure erfolgte an einem stark sauren Kationenaustauscher. Zur Reinigung wurde das Produkt zweimal in Aceton/Benzol (V/V = 1 : 2) umkristallisiert.

Ausbeute: 31,4%   Lit.: 52,2%   [105]
Fp.:   80–83°C   93–94°C
Elementaranalyse: Theor. C 45,80, H 6,87, O 36,65, N 10,69
                  Gef.   45,81   6,86   36,64   10,79
(Rf-Wert (I.B.T.E.): 0,40)

6.2.1.5 Darstellung von Glutarsäureimid

Ausgehend von Glutarsäuremonoamid wurde das Imid nach G. PARIS, L. BERLINGUET und R. GAUDRY [106] durch kurzes Erhitzen auf 220°C hergestellt. Die Reinigung erfolgte durch Umkristallisieren in Äthanol.

Ausbeute: 45%
Fp.:   154°C   Lit.: 152–154°C   [106]
(Rf-Wert (I.B.T.E.): 0,41)

6.2.1.6 Darstellung von Glutarsäuremononitrilmonoamid

Die Synthese von Glutarsäuremononitrilmonoamid erfolgte nach L. HENRY [107] durch Amminolyse von γ-Cyanbuttersäureäthylester. Zur Reinigung wurde über Aktivkohle aufgekocht; umkristallisiert wurde in Aceton/Petroläther (60–80):

Fp.:   71–72°C   Lit.: 69–70°C   [107]

Elementaranalyse: Theor.: C 53,57, H 7,14, O 14,29, N 25,00
                  Gef.:   53,64   6,89   14,47   24,91
(Rf-Wert (I.B.T.E.): 0,28)

6.2.1.7 Darstellung von γ-Cyanobuttersäureäthylester

Die Darstellung wurde nach Angaben von L. G. IVES und K. SAMES [108] durchgeführt.
Das Reaktionsprodukt siedete bei 122°C/18 mmHG

Ausbeute: 21,0 g (53%)   Lit.: 120–122°C/18 mmHG
                                    (80,5%)   [108]
n_D^{20} 1,4273 n_D^{20} 1,42737   [109]

6.2.1.8 Darstellung von Glutarsäuremononitril (γ-Cyanbuttersäure)

Die Überführung des γ-Cyanbuttersäureäthylesters in die γ-Cyanbuttersäure erfolgte in Analogie zu einer Vorschrift von H. HENECKA [110], in der die Verseifung von Cyanessigester in Cyanessigsäure beschrieben wird.
Rohausbeute: 89%
Das Produkt ließ sich nicht aus Aceton/Petroläther umkristallisieren. Zur weiteren Reinigung wurde es in Wasser mit Aktivkohle 30 Minuten gekocht. Nach Abtrennen

der Aktivkohle wurde das wasserklare Filtrat eingeengt und der Rückstand, der nach einiger Zeit auskristallisierte, über P_2O_5 getrocknet.

Fp: 27–30 °C Lit.: 52–53 °C [108]

Elementaranalyse: Theor.: C 53,10, H 6,20, O 28,32, N 12,39
Gef.: 52,76 6,43 28,32 12,25

(Rf-Wert (I.B.T.E.): 0,91)

6.2.1.9 Darstellung von γ-Cyanbuttersäuremethylester

Die Darstellung erfolgte durch Veresterung von γ-Cyanbuttersäure mit Diazomethan.

Kp.: 117,5 °C/20 mmHG Lit.: 116–120 °C/20 mmHG [111]
Ausbeute: 6,5 g (77%)
n_D^{20} 1,4282 n_D^{20} 1,42739 [112]

(Rf-Wert (I.B.T.E.): 0,73)

6.2.2 Umsetzungen an Modellsubstanzen

6.2.2.1 Hydrolyse von Glutarsäuredinitril in 20%iger Salzsäure bei 60, 80 und 108 °C

195 g 20%ige Salzsäure wurden auf 60, 80 bzw. 108 °C erhitzt und vorsichtig mit 5 g Glutarsäuredinitril versetzt. Zur Homogenisierung wurde der Ansatz ständig gerührt. Den Reaktionsverlauf verfolgten wir dünnschichtchromatographisch.
Hierzu entnahmen wir dem Ansatz in regelmäßigen Zeitabständen, anfangs nach fünf und mit fortgeschrittener Reaktionszeit jeweils nach 15 Minuten, mit Hilfe von Kapillarröhrchen Substanzproben, die wir anschließend auf Kieselgel-G-Platten, etwa drei Tropfen je Startpunkt, chromatographierten. Zur Vertreibung der Salzsäure wurden die Platten zunächst 15 Minuten in einen 120 °C heißen Trockenschrank gelegt. Das Laufmittelgemisch bestand aus Diisopropyläther, Butanol-(1), Tetrachlorkohlenstoff und Eisessig (50 : 50 : 12,5 : 5). Jede Probe wurde dreifach untersucht, um getrennt Nitril-, Carbonamid- und Carboxygruppen nachweisen zu können.

6.2.2.2 Hydrolyse von 2.4-Dicyanopentan in 20%iger Salzsäure bei 60, 80 und 108 °C

Bei einem Ansatz von 0,5 g 2.4-Dicyanopentan in 10 ml 20%iger Salzsäure wurde die Hydrolyse und ihre dünnschichtchromatographische Verfolgung in der gleichen Weise durchgeführt wie bei Glutarsäuredinitril.

6.2.2.3 Direkte Veresterung von Glutarsäuredinitril

In 50 ccm einer Mischung von Methanol und konz. Schwefelsäure im Volumenverhältnis 2 : 1 wurden 2 g Glutarsäuredinitril gegeben und nach Einstellen in ein entsprechend vorgeheiztes Bad auf 80–85 °C erhitzt. Bei ständiger Rührung entnahmen wir dem Reaktionsansatz anfangs jeweils nach ca. 20–30 Minuten, mit fortgeschrittener Reaktionszeit nach längeren Zeiträumen, Proben, die wir chromatographisch untersuchten. Dabei pipettierten wir 1 ccm aus der Reaktionsmischung ab, versetzten diesen mit 5 ccm einer 26%igen Bariumchloridlösung, ferner mit 3 ccm Äther und schüttelten 10 Minuten gut um. Die Ätherlösung mit dem Mono- und Dimethylester wurde abgetrennt und über wasserfreier Soda getrocknet und entsäuert. Bei jeder Probe gleichbleibend entnahmen wir anschließend dem Ätherextrakt ein bestimmtes Volumen, ca. 2 ml, engten dieses auf ca. ein Viertel der Menge ein und untersuchten die Zusammensetzung des Extrakts gaschromatographisch.

Die durch den Bariumsulfatniederschlag milchig weiß aussehende wäßrige Phase wurde nach Abtrennen der Ätherschicht ohne Verzug dünnschichtchromatographisch auf Kieselgelplatten analysiert. Als Laufmittel diente eine Mischung aus Diisopropyläther, Butanol-(1), Tetrachlorkohlenstoff und Eisessig (50/50/12,5/5). Vor dem Entwickeln wurden die Dünnschichtplatten 15 Minuten in einen 120°C heißen Trockenschrank gelegt, um die bei der Fällung von Schwefelsäure gebildete Salzsäure zu vertreiben. Bei der Detektion von Glutarsäuredinitril zeigten sich außerdem noch Glutarsäurenitril monomethylester, Glutarsäuremononitril, Glutarsäuremononitrilmonoamid und Glutarsäurediamid.

6.2.2.4 Direkte Veresterung von 2.4-Dicyanopentan

Die Umsetzung führten wir in der gleichen Weise durch wie die direkte Veresterung von Glutarsäuredinitril. Die analytischen Untersuchungen erfolgten gaschromatographisch.

6.2.3 Umsetzungen am Polymeren

6.2.3.1 Polymerisation von Acrylnitril

Polyacrylnitril wurde nach einer Vorschrift von A. HUNYAR und H. REICHERT [86] hergestellt.
Die Reinigung des Acrylnitrilmonomeren erfolgte durch Rektifikation über eine 2 m lange Siphonkolonne. Das Wasser, das bei der Polymerisation als Lösungsmittel diente, wurde vorher zur Entfernung des Sauerstoffs mehrere Stunden im Stickstoffstrom unter Rückfluß gekocht.
Die Polymerisation erfolgte ohne Rühren und ohne Ausschaltung des Luftsauerstoffs in einem Dewargefäß als Reaktionsbehälter.
Das Polymerisat wurde gründlich zunächst mit Wasser, dann mit Methanol gewaschen und anschließend im Vakuumexsikkator über Diphosphorpentoxid bei Zimmertemperatur getrocknet. Bei einem Ansatz von 60 g Acrylnitril und einer Stunde Polymerisationszeit betrug die durchschnittliche Ausbeute an Polyacrylnitril 46,3 g. Der durchschnittliche Stickstoffwert lag bei 26,21% (theor. 26,4%). Die durch potentiometrische Titration erfaßbaren sauren Anteile wurden mit $2,98 \times 10^{-5}$ Äq/g ermittelt. Die Grenzviskosität (η) lag bei $1,73 \left(\dfrac{dl}{g} \right)$.

6.2.3.2 Polymerisation von Acrylsäuremethylester

Zur Reinigung und zur Entfernung des Stabilisators wurde das Monomere zunächst im Wasserstrahlpumpenvakuum über eine Vigreux-Kolonne destilliert. Die Polymerisation erfolgte analog dem Verfahren von H. HUNYAR und H. REICHERT [86] zur Herstellung von Polyacrylnitril.
Um 40 g Acrylsäuremethylester in Lösung bringen zu können, wurde in Abänderung der in der Literatur angegebenen Vorschrift statt Wasser allein eine Mischung von 150 ml Wasser und 200 ml Methanol als Reaktionsmedium in den Ansatz gegeben. Unter sonst gleichen Bedingungen betrug die Reaktionszeit 15 Stunden. Das Polymerisat wurde gründlich in heißem Wasser gewaschen und aus einer Acetonlösung durch Einsprühen in Äther umgefällt. Nach Trocknen im Vakuumexsikkator ergab sich eine Ausbeute von 31,5 g.

6.2.3.3 Hydrolyse von Polyacrylnitril mit 20%iger Salzsäure

Die Hydrolyse von Polyacrylnitril mit 20%iger Salzsäure führten wir in mehreren Versuchen bei verschieden langen Reaktionszeiten durch. Als Ansatz setzten wir jeweils 3 g des Polymeren und 100 ccm 20%ige Salzsäure ein. Die Reaktionsmischung wurde in ein auf 120°C vorgeheiztes Ölbad eingestellt und ständig während der Umsetzung gerührt. Nach Beendigung der vorgesehenen Reaktionszeit verdünnten wir den Kolbeninhalt mit 250 ccm Wasser und füllten das nach kürzerer Reaktionszeit heterogen sowie das nach längeren Reaktionszeiten homogen erhaltene Reaktionsgemisch in Dialyseschläuche ein. Wir dialysierten so lange, bis das Waschwasser mit Indikatorpapier eine neutrale Reaktion zeigte. Das von Salzsäure und niedermolekularen Reaktionsprodukten befreite wäßrige Hydrolysat wurde dann im Rotavapor bis auf wenige Millimeter eingeengt und anschließend gefriergetrocknet. Die Versuchsergebnisse sind in der nachfolgenden Tabelle zusammengestellt.

Hydrolyse von Polyacrylnitril mit 20%iger Salzsäure unter Rückfluß

Probe	Reaktionszeit (h)	Lösung von PAN im Rk.ansatz	Ausbeute (g)	Stickstoff (%)	Acrylsäure (%)
1	6	unmerklich	1,6	25,03	8,2
2	12	wenig	2,1	17,01	26,47
3	18	merklich	2,4	11,12	48,95
4	27	überwiegend	2,3	1,62	90,9
5	49	homogen	2,7	0,526	97,9
6	120	homogen	1,6	0,135	97,9
7	240	homogen	2,6	0,295	97,85

6.2.3.4 Direkte Veresterung von Polyacrylnitril mit Methanol/Schwefelsäure bei 85°C

0,5 g Polymer wurden in 100 ml abs. Methanol/konz. Schwefelsäure (V/V 2:1) zunächst 15 h bei 100°C, nach Lösen weitere 85 h bei 85°C gerührt. Methanolverluste, die durch Abdampfen im Verlauf der Umsetzung entstanden, wurden sukzessive ersetzt. Nach Beendigung der Reaktionszeit wurde der Ansatz in 2 l Eiswasser gegeben. Das zähe, gummiartige Veresterungsprodukt, das hierbei ausfiel, wurde anschließend in Wasser/Methanol (V/V 1:1) durch intensives Auskneten neutral gewaschen und über Diphosphorpentoxid getrocknet. Die Ausbeuten schwankten um 0,55 g. Das Produkt löste sich in Chloroform, Aceton und Essigester. Der Säureanteil, bezogen auf Acrylsäure, betrug ca. 7%. Der Stickstoffgehalt lag bei 0,25%.

6.2.3.5 Direkte Veresterung von Polyacrylnitril mit Methanol/Schwefelsäure bei 118°C in Gegenwart von Diphosphorpentoxid

1 g Polyacrylnitril wurde in eine Mischung von 50 ml konzentrierter Schwefelsäure und 50 ml absolutem Methanol gegeben und auf 118°C erhitzt. Nach 19½ h Reaktionszeit wurden aufeinanderfolgend 50 ml einer ca. 10%igen Diphosphorpentoxidlösung in konzentrierter Schwefelsäure und 100 ml absolutes Methanol tropfenweise zugesetzt. Das Reaktionsende war nach 26 h erreicht. Die Aufarbeitung erfolgte in der oben beschriebenen Weise. Die Ausbeute betrug 1,13 g, der Stickstoffgehalt lag bei 0,69%, der Säuregehalt bei 11%.

6.2.3.6 Direkte Veresterung von Polyacrylnitril mit Methanol in Gegenwart von Dimethylsulfat

Die Umsetzungen erfolgten mit 1 g Polymer in Mischungen aus 50 ml Methanol, 50 ml Dimethylsulfat und 1 ml konzentrierter Schwefelsäure bei 100°C und 48 h Reaktionszeit. Um den während der Umsetzung hauptsächlich durch Destillationsverlust auftretenden Methanolanteil annähernd konstant zu halten, wurden im Verlauf der Reaktion jeweils nach 16½ h und 26½ h 50 ml und nach 38 h 35 ml Methanol zugesetzt. Wie die Aufarbeitung nach dem bereits oben beschriebenen Verfahren ergab, zeigten die hiernach erhaltenen Veresterungsprodukte mit 3,4% den geringsten Säuregehalt. Der Stickstoffwert wurde mit 0,96% ermittelt. Die Ausbeute lag bei 1,1 g.

7. Zusammenfassung

Polyacrylnitrilfasern zeigen eine starke Tendenz zur elektrostatischen Aufladung. Chemische Veränderungen müßten eine Änderung dieser Eigenschaft nach sich ziehen. Im Rahmen dieser Arbeit wurde daher mit grundlegenden Untersuchungen zur chemischen Modifizierung von Polyacralnitril durch polymeranaloge Umsetzungen begonnen. Durchgeführt wurden die saure Hydrolyse und die direkte Veresterung der Nitrilgruppen. Zur besseren Kenntnis der Reaktionsverhältnisse bei unterschiedlichen Bedingungen wurden die am Polymeren geplanten Umsetzungen zunächst einmal an niedermolekularen Modellsubstanzen studiert. Als Modelle dienten Glutarsäuredinitril und 2.4-Dicyanopentan. Versuche, 2.4-Dicyanopentan zusätzlich zu den in der Literatur angegebenen Verfahren durch Alkylierung von Propionitril mit β-Bromisobutyronitril sowie durch Umsetzung von 2.4-Dibrompentan und 2.4-Pentanditosylat mit Alkalicyaniden darzustellen, schlugen fehl. Hydrolyse- und Veresterungsreaktionen wurden im Falle der Modellsubstanzen dünnschicht- und gaschromatographisch verfolgt. Zur dünnschichtchromatographischen Detektion der Nitrile wurde ein neues Nachweisverfahren entwickelt. Bei der Übertragung der an den Modellen erarbeiteten Reaktionsverfahren auf Polyacrylnitril zeigte sich, daß sich im Prinzip die Reaktionen der niedermolekularen Verbindungen auch auf das Polymere übertragen lassen. Unter Anwendung von Dimethylsulfat konnte ein neues Verfahren zur direkten Veresterung von Polyacrylnitril aufgefunden werden. Die Charakterisierung der polymeren Umsetzungsprodukte erfolgte qualitativ sowie quantitativ auf elementaranalytischem, maßanalytischem und IR-spektrographischem Wege.

8. Literaturverzeichnis

[1] GRÜNER, H., Faserforsch. u. Textiltechn. **4** (1953), 249, 275.
[2] HUMMEL, G., Melliand Textilber. **35** (1954), 773, 889.
[3] HERSH, S. P., und D. J. MONTGOMERY, Textile Res. J. **25** (1955), 279.
[4] Ibid, Textile Res. J. **26** (1956), 903.
[5] SIPPEL, A., Kolloid Z. **152** (1957), 41.
[6] SHASHOUA, V. E., J. Polymer Sci **23** (1958), 65.
[7] SPRENKMANN, W., Melliand Textilber. **34** (1953), 971, 1076.
[8] Ibid, Melliand Textilber. **35** (1954), 93, 307.
[9] RÖSCH, M., Z. ges. Textilind. **63** (1961), 968, 1054.
[10] LOCHMÜLLER, O., Deutsche Textiltechnik **19** (1969), 172.
[11] LÖBEL, W., Faserforsch. u. Textiltechn. **13** (1962), 112.
[12] LÖBEL, W., Deutsche Textiltechn. **16** (1966), 241, 292.
[13] LÖBEL, W., Faserforsch. u. Textiltechn. **19** (1968), 110.
[14] SCHOUTEDEN, F. L. M., Makromol. Chem. **24** (1957), 25; Teintex **24** (1959), 262; Chim. et ind. (Paris).
[15] Gevaert Photo Produkten N.V.
    D.P. 786.960 (27.9.1954); 840.797 (2.6.1955);
    838 296 (22.5.1956); 850.116 (8.3.1957);
    833.204 (21.4.1960);
    1.149.169 (22.5.1963); 1.130.593 (1962).
[16] Chem. Engng. News **33** (1955) 4893.
[17] WAGNER, E., und G. H. HOMANN, D.P. (Ost) 13.439 (27.6.1957), C.A. **53** (1959), 2636i.
[18] Mitto Boseki Co. Ltd., Japan 8343 (60), (1.7.1958), C.A. **57** (1962), 6167 h.
[19] KACHOYON, J., und J. P. NIEDERHAUSER, Chemiefasern **9** (1959), 372.
[20] PICHKLADZE, SH. V., und S. M. SOSHINA, C. A. **66** (1967), 29908a.
[21] BOLDENKO, A. R., P. J. SADOV und V. J. KASATOCHKIN, Tekstil. Prom. **21** (1961), Nr. 8, S. 57.
[22] SÖNNERSKOG, S., Acta Chem. Scand. **12** (1958), 1241.
[23] KUDRYAVTSEV, G. J., T. A. ROMANOVA, M. A. ZHARKOVA und V. S. KLIMENKOV, Khim. Volokna 1965, 13–15; C. A. **64** (1966), 857c.
[24] PARKER, J. H. (Shell Development Co.), U.S. 2.456.428 (14. 12. 1948).
[25] BLANCHETTE, J. A., und J. D. COTMAN, J. org. Chem. **23** (1958), 1117.
[26] KONOVA, H. F., G. A. GABRIELJAN, Z. A., ROGOVIN und A. A. KONKIN, Sowjet. Beitr. Faserf. Textiltechn. **2** (1965), 396.
[27] KONOVA, H. F., G. A. GABRIELJAN, Z. A. ROGOVIN und A. A. KONKIN, Sowjet. Beitr. Faserforsch. u. Textiltechn. **3** (1966), 337.
[28] STEPHEN, O., J. chem. Soc. **127** (1925), 1874.
[29] KONKIN, A. A., Faserforsch. u. Textiltechn. **18** (1967), 342.
[30] ROGOVIN, Z. A., E. A. VASILEVA-SOKOLOVA, G. I. KUDRJAVCEV, G. A. GABRIELJAN u. L. M. LEVIKS, Sowjet. Beiträge Faserforsch. u. Textiltechn. **5** (1968), 183.
[31] BAYZER, H., und J. SCHURZ, Z. physikal. Chem. **13** (1957), 30, 223.
[32] BERINGTON, J. C., D. E. BAVES und R. L. VELE, J. Polymer Sci. **32** (1958), 317.
[33] McCARTNEY, J. R., Modern Plastics **30** Nr. 11 (1953), 118, 179.
[34] STÜBCHEN, H., und J. SCHURZ, Monatshefte Chem. **89** (1958), 234.
[35] DÖCKE, W., Dtsch. Textiltechnik **8** (1958), 77.
[36] SAVITSKAYA, M. N., YA. D. KHOLODOVA und V. YS. BELETSKAYA, Nauchn. Tr., Ukr. Nauchn.-Issled. Inst. Fisiol. Rast., Ukv. Akad. Sel.-Skokhoz. Nauk **1962**, Nr. 23, S. 200; C. A. **59** (1963), 814c.
[37] WELTZIEN, W., und W. FESTER, Melliand Textilber. **43** (1962), 372.

[38] MATSUI, S., Y. MAMIYA und S. KAMBARA, J. Soc. Chem. Ind. (Japan) **45** (1942), 385.
[39] SAAR, W., W. IRION, E. N. PETERSEN und G. TRAUTMAN (Phrix-Werke), Belg. P. 620.413 (14. 11. 1962).
[40] BERNHARD, K., D. P. 1.151.118 (4. 7. 1963).
[41] CYPRYK, J., M. LACZKOWSKI und S. PIECHACKI, Faserforsch. u. Textiltechn. **14** (1963), 265.
[42] HEARLE, J. W. B., Text. Manuf. **87** (1961), 131.
[43] American Viscose Corp. U.S. 2.548.853.
[44] POLSON, A. E. (Du Pont), U.S. 2.579.451 (18. 12. 1951).
[45] STREPICHEEV, A. A., G. I. KUDRJAVCEV und E. A. VASIL'EVA–SOKOLOVA, Faserf. u. Textiltechn. **11** (1960), 359.
[46] RITTER, J. J., und P. P. MINIERI, J. Amer. Chem. Soc. **70** (1948), 4045; J. J. RITTER und J. KALISH, ibid. **70** (1948), 4048.
[47] SHEARER, N. R., und H. W. COOVER, Eastman Kodak Co., U.S. 2.719.144 (27. Sept. 1955).
[48] Farbenfabriken Bayer AG; Brit. P. 948.607 (5. 2. 1964).
[49] RAO, M. L. B., und S. R. PALIT, J. Polymer Sci. Part C Polymer Symposia Nr. 22 (1969), 587.
[50] MOSSE, P., Société Rhodiacéta, D. P. 925.196 (14. 3. 1955).
[51] FRITSCHE, P., DDR 50.017 (5. 9. 1966).
[52] British Nylon Spinners Ltd., B.P. 824.125 (5. 7. 1956).
[53] The Dyer, Textile Printer, Bleacher, Finisher 123 (1960), 3, S. 172.
[54] Textil-Rep. **15** (1960), 1, Beilage S. 8.
[55] Textile Merc. Argus **142** (1960), 3691, S. 5.
[56] FESTER, W., Melliand Textilber. **45** (1964), 1369.
[57] SHASHOUA, V. E., J. Polymer Sci. A 1 (1963), 169.
[58] TAKATA, T., Chem. High Polymers, Japan **16**, 175 (1959), 693.
[59] CLARK, H. G., Makromolekulare Chem. **63** (1963), 69.
[60] ANSELL, M. F., und D. H. HEY, J. chem. Soc. (London) **1950**, 1683.
[61] ZAHN, H., und P. SCHÄFER, Chem. Ber. **92** (1959), 736.
[62] ZIEGLER, K., und H. OHLINGER, Liebigs Ann. Chem. **495** (1932), 84.
[63] RODIONOW, W. M., Bull. Soc. chim. France **39**, 4 (1926), 315.
[64] SEKERA, V. C., und C. S. MARVEL, J. Amer. chem. Soc. **55** (1933), 345.
[65] BROWN, R. F., und N. M. VAN GULICK, J. Amer. chem. Soc. **77** (1955), 1089.
[66] NELSON, E. R., M. MAIENTHAL, L. A. LANE und A. A. BENDERLY, J. Amer. chem. Soc. **79** (1957), 3467.
[67] BERTHO, A., Zusammenfassende Darstellung in Liebigs Ann. Chem. **714** (1968), 155.
[68] CASON, J., und J. S. CORREIA, J. chem. Soc. (London) **1961**, 3645.
[69] GERRARD, W., und H. R. HUDSON, J. chem. Soc. (London) **1964**, 2310.
[70] GERRARD, W., J. chem. Soc. (London) **1945**, 848.
[71] LACOMBE, E. M., J. Polymer Sci. **24** (1957), 152.
[72] TAKATA, T., Makromolekulare Chem. **62** (1963), 218.
[73] MCCARTNEY, J. R., Polymer Degradation Mechanism (1953), 123 (Washington, D. C.: National Bureau of Standards).
[74] MOORE, W. R., und K. SAITO, Soc. chem. Ind. London, Monograph **25** (1967), 236–247.
[75] REBOUL, M., Ann. Chimie Série 5, **14** (1878), 501.
[76] JAEGER, F. M., und H. B. BLUMENDAL, Z. anorg. allg. Chem. **175** (1928), 161.
[77] MARVEL, C. S., und W. F. TULEY, Org. Syntheses Coll. Vol. I, 2. Aufl., S. 289, John Wiley & Sons, Inc., New York (1941).
[78] VOGEL, A. I., J. chem. Soc. (London) **1934**, 333.
[79] PINNER, A., Die Iminoäther und ihre Derivate, 1. Aufl., Verlag Robert Oppenheim (Gustav Schmidt), Berlin (1892).
[80] MIGRDICHIAN, V., The Chemistry of Organic Cyanogen Compounds, S. 92–93, Reinold Publishing Corporation, New York (1947).

[81] HENECKA, H., in: HOUBEN-WEYL, Methoden der organischen Chemie, Bd. 8, 4. Aufl., S. 536 ff., Georg Thieme Verlag, Stuttgart (1952).
[82] FEIGL, F., Spot Tests in Organic Analysis, S. 237, Elsevier, 5. Aufl., Amsterdam (1956).
[83] STREPICHEEV, A. A., G. I. KUDRJAVCEV und E. A. VASIL'EVA-SOKOLOVA, Zhur. Priklad. Khim. **31** (1958), 785; C. A. **52** (1958), 15120i; Chem. Zbl. **130** (1959), 17200; Faserforsch. und Textiltechn. **11** (1960), 359.
[84] WELTZIEN, W., und W. FESTER, Melliand Textilber. **43** (1962), 372.
[85] PRATI, G., Ricerca e Documentazione Tessile **4** (1967), 172.
[86] HUNYAR, A., und H. REICHERT, Faserforsch. und Textiltechn. **5** (1954), 1.
[87] FESTER, W., Melliand Textilber. **45** (1964), 1369.
[88] GUYOT, S., Compt. Rend. **169**, 655.
[89] PETERS, M., TFA Krefeld, unveröff. Versuche 1970.
[90] RABINOVITCH, B. S., C. A. WINKLER und A. R. P. STEWART, Canad. J. Res., Sect. B **20** (1942), 121.
[91] MANGOLD, H. K., und R. KAMMERECK, J. Amer. Oil Chemists' Soc. **39** (1962), 201.
[92] IIDA, T., E. YOSHII und E. KITATSUJI, Analytic. Chem. **38** (1966), 1224.
[93] BUSWELL, K. M., und W. E. LINK, J. Amer. Oil Chemists' Soc. **41** (1964), 717.
[94] EULENHÖFER, H. G., J. Chromatogr. **36** (1968), 198.
[95] ZAHN, H., und E. REXROTH, Z. analyt. Chem. **148** (1955), 181.
[96] KNAPPE, E., und D. PETERI, Z. analyt. Chem. **188** (1962), 184.
[97] KJELDAHL, J., Z. analyt. Chem. **22** (1883), 366.
[98] SKODA, W., und J. SCHURZ, Z. analyt. Chem. **162** (1958), 259.
[99] JANDER, G., K. JAHR und H. KNOLL, Maßanalyse, Sammlung Göschen, Bd. 221/221a, 10. Aufl., S. 187, Walter de Gruyter & Co., Berlin 1963.
[100] BECKMANN, W., und O. GLENZ, Melliand Textilber. **38** (1957), 783.
[101] TUBBS, C. F., Analytic. Chem. **25** (1954), 1670.
[102] GREUTER, E., Z. analyt. Chem. **222** (1966), 224.
[103] Dissertation M. PETERS, TH Aachen 1969, Chemische Modifizierung von Polyacrylnitril. Ein Beitrag zur Taktizitätsbestimmung nach polymeranaloger Umwandlung.
[104] HENRY, L., Compt. Rend. **100** (1885), 943.
[105] JEFFERY, G. H., und A. I. VOGEL, J. chem. Soc. (London) **1934**, 1101.
[106] PARIS, G., L. BERLINGUET und R. GAUDRY, Org. Syntheses Coll. Vol. IV, 1. Aufl., S. 496, John Wiley & Sons, Inc., New York (1963).
[107] HENRY, L., Bulletins de l'acad. royale des sciences et belles lettres de Bruxelles, 3. Série, **18** (1889), 168.
[108] IVES, J. G., und K. SAMES, J. chem. Soc. (London) **1943**, 513.
[109] KARVONEN, A., Ann. Acad. Sci. fennicae *A* **20**, 9 (1924), 14.
[110] HENECKA, H., in: HOUBEN-WEYL, Methoden der organischen Chemie, Bd. 8, 4. Aufl., S. 422, Georg Thieme Verlag, Stuttgart (1952).
[111] REPPE, W., und Mitarb., Liebigs Ann. Chem. **596** (1955), 198.
[112] KARVONEN, A., Ann. Acad. Sci. fennicae *A* **20**, 9 (1924), 13.
[113] PETERS, M., Z. analyt. Chem. **249** (1970), 245.

Forschungsberichte des Landes Nordrhein-Westfalen

Herausgegeben im Auftrage des Ministerpräsidenten Heinz Kühn
vom Minister für Wissenschaft und Forschung Johannes Rau

Sachgruppenverzeichnis

Acetylen · Schweißtechnik
Acetylene · Welding gracitice
Acétylène · Technique du soudage
Acetileno · Técnica de la soldadura
Ацетилен и техника сварки

Arbeitswissenschaft
Labor science
Science du travail
Trabajo científico
Вопросы трудового процесса

Bau · Steine · Erden
Constructure · Construction material ·
Soilresearch
Construction · Matériaux de construction ·
Recherche souterraine
La construcción · Materiales de construcción ·
Reconocimiento del suelo
Строительство и строительные материалы

Bergbau
Mining
Exploitation des mines
Minería
Горное дело

Biologie
Biology
Biologie
Biologia
Биология

Chemie
Chemistry
Chimie
Quimica
Химия

Druck · Farbe · Papier · Photographie
Printing · Color · Paper · Photography
Imprimerie · Couleur · Papier · Photographie
Artes gráficas · Color · Papel · Fotografía
Типография · Краски · Бумага · Фотография

Eisenverarbeitende Industrie
Metal working industry
Industrie du fer
Industria del hierro
Металлообрабатывающая промышленность

Elektrotechnik · Optik
Electrotechnology · Optics
Electrotechnique · Optique
Electrotécnica · Optica
Электротехника и оптика

Energiewirtschaft
Power economy
Energie
Energía
Энергетическое хозяйство

Fahrzeugbau · Gasmotoren
Vehicle construction · Engines
Construction de véhicules · Moteurs
Construcción de vehículos · Motores
Производство транспортных средств

Fertigung
Fabrication
Fabrication
Fabricación
Производство

Funktechnik · Astronomie
Radio engineering · Astronomy
Radiotechnique · Astronomie
Radiotécnica · Astronomía
Радиотехника и астрономия

Gaswirtschaft
Gas economy
Gaz
Gas
Газовое хозяйство

Holzbearbeitung
Wood working
Travail du bois
Trabajo de la madera
Деревообработка

Hüttenwesen · Werkstoffkunde
Metallurgy · Materials research
Métallurgie · Matériaux
Metalurgia · Materiales
Металлургия и материаловедение

Kunststoffe
Plastics
Plastiques
Plásticos
Пластмассы

Luftfahrt · Flugwissenschaft
Aeronautics · Aviation
Aéronautique · Aviation
Aeronáutica · Aviación
Авиация

Luftreinhaltung
Air-cleaning
Purification de l'air
Purificación del aire
Очищение воздуха

Maschinenbau
Machinery
Construction mécanique
Construcción de máquinas
Машиностроительство

Mathematik
Mathematics
Mathématiques
Matemáticas
Математика

Medizin · Pharmakologie
Medicine · Pharmacology
Médecine · Pharmacologie
Medicina · Farmacología
Медицина и фармакология

NE-Metalle
Non-ferrous metal
Metal non ferreux
Metal no ferroso
Цветные металлы

Physik
Physics
Physique
Física
Физика

Rationalisierung
Rationalizing
Rationalisation
Racionalización
Рационализация

Schall · Ultraschall
Sound · Ultrasonics
Son · Ultra-son
Sonido · Ultrasónico
Звук и ультразвук

Schiffahrt
Navigation
Navigation
Navegación
Судоходство

Textilforschung
Textile research
Textiles
Textil
Вопросы текстильной промышленности

Turbinen
Turbines
Turbines
Turbinas
Турбины

Verkehr
Traffic
Trafic
Tráfico
Транспорт

Wirtschaftswissenschaften
Political economy
Economie politique
Ciencias económicas
Экономические науки

Einzelverzeichnis der Sachgruppen bitte anfordern

 Springer Fachmedien Wiesbaden GmbH

MIX
Papier aus verantwortungsvollen Quellen
Paper from responsible sources
FSC® C105338

If you have any concerns about our products,
you can contact us on
ProductSafety@springernature.com

In case Publisher is established outside the EU,
the EU authorized representative is:
**Springer Nature Customer Service Center GmbH
Europaplatz 3, 69115 Heidelberg, Germany**

Printed by Libri Plureos GmbH
in Hamburg, Germany